地球環境アナリシス

渡辺雅二 著

大学教育出版

はじめに

　自然界に観察される現象や人間の活動により発生する問題を数理的に解明しようとするとき，時間の経過や空間的変位により変化する量を対象とする微分方程式をモデルとして解析が行われる場合が多い。本書では，そのようなモデルとしての微分方程式に焦点を当て，その導出過程や解析方法および地球環境に関する基本的問題への適用例等について考察する。本書は，巻末の関連図書の内容をもとに構成されたものであり，各トピックの詳細等に関しては，それらを参照していただきたい。

　最後に，本書の出版に際しご協力いただいた，佐藤守氏始め大学教育出版の方々に，厚く御礼申し上げる。

2007 年 6 月

渡辺雅二

目次

第1章 常微分方程式の理論と応用 ... 5
1.1 常微分方程式の例 ... 5
1.2 変数分離形方程式 ... 8
1.3 1階線形常微分方程式 ... 10
1.3.1 同次方程式とその解 ... 10
1.3.2 非同次方程式の解 ... 11
1.4 2階線形常微分方程式 ... 16
1.4.1 定数係数同次方程式 ... 16
1.4.2 定数係数非同次方程式 ... 19
1.4.3 バネの自由振動と強制振動 ... 24
1.5 2次元力学系の臨界点とその安定性について ... 27

第2章 常微分方程式モデルによる数理解析 ... 33
2.1 河川の自浄作用と有機汚濁 ... 33
2.1.1 DO と BOD ... 33
2.1.2 Streeter-Phelps の式とその解 ... 33
2.2 湖沼および沿岸海域の富栄養化 ... 35
2.2.1 植物プランクトンと栄養塩 ... 35
2.2.2 Vollenweider のモデル ... 36
2.3 熱放射と気候 ... 38
2.3.1 地球大気について ... 38
2.3.2 太陽放射と Stefan-Bolzmann の法則 ... 39
2.3.3 地球大気の温室効果と気候の多重性 ... 41

第3章 変分問題の理論と応用 ... 43
3.1 基本問題とその解 ... 43
3.1.1 基本問題と Euler-Lagrange の方程式 ... 43
3.1.2 Euler-Lagrange の方程式から派生する1階微分方程式 ... 45
3.1.3 変分問題と曲面上の曲線 ... 47
3.1.4 変動端と自然境界条件 ... 50
3.1.5 補助的条件付きの変分問題 ... 51

3.2	変分問題と地形の形成		53
	3.2.1	河川縦断面形と最速降下線	53
	3.2.2	氷河による侵食と懸垂線	56
	3.2.3	地すべりと等周問題	57

第4章 常微分方程式の数値解法   61

4.1	線形多段法		61
	4.1.1	陽的線形多段法と陰的線形多段法	61
	4.1.2	Taylor 展開による線形多段法の導出	63
	4.1.3	線形多段法の収束性と安定性	68
4.2	陽的1段法		73
	4.2.1	陽的1段法とオーダー	73
	4.2.2	Runge-Kutta 法	75

第5章 偏微分方程式とその応用   79

5.1	拡散方程式とその解		79
	5.1.1	拡散方程式	79
	5.1.2	1次元拡散方程式と固有値問題	81
	5.1.3	Fourier 級数とその性質	88
	5.1.4	1次元拡散方程式の級数解	91
5.2	波動方程式とその解		95
	5.2.1	1次元波動方程式	95
	5.2.2	2階偏微分方程式の変数変換	95
	5.2.3	一般解と初期値問題の解	98
	5.2.4	波動方程式の初期値−境界値問題と Fourier 級数解	100
5.3	流体の運動		101
	5.3.1	連続の方程式	101
	5.3.2	理想流体の運動方程式	102
	5.3.3	粘性流体の運動方程式	104
5.4	大気の運動の数理解析		106
	5.4.1	コリオリの力	106
	5.4.2	地衡風	110
5.5	海洋に関する問題の数理解析		112
	5.5.1	長波の近似方程式	112

第1章　常微分方程式の理論と応用

未知な関数が満たすべき条件を式で表すとき，その中に未知関数の導関数あるいは偏導関数が現れる場合，その式を微分方程式と呼ぶ。また微分方程式を条件として満たす関数をその解と呼び，解を求めることを微分方程式を解くという。微分方程式は，常微分方程式と偏微分方程式の2種類に大きく分けられる。微分方程式は，その未知関数が1変数の関数の場合には常微分方程式，2変数以上の関数で2変数以上の偏導関数を含む場合には偏微分方程式と呼ばれる。微分方程式に現れる導関数あるいは偏導関数の階数の中で最大のものを，その微分方程式の階数という。第1章では，常微分方程式に関する理論と応用について考察する。

1.1　常微分方程式の例

　常微分方程式の例として物体の落下運動，タンクからの水の流出，バネの振動，電気回路に関する微分方程式について考察を行う。

例1　質量 M [kg] の物体は，上空から地球の中心に向かって直線上を落下し，物体に作用する力は重力と空気抵抗だけであるとする。このときに物体の運動は1階常微分方程式で記述されることを示す。t [s] を時間とする。また，l [m], v [m/s], a [m/s^2] をそれぞれ時間 t での物体の落下距離，速度，加速度とする。時間 t [s] で物体に作用する重力と速度に比例する空気抵抗をそれぞれ Mg と $-kv$ とする。ただし，g [m/s^2] は重力加速度 k [kg/s] は正の比例定数とする。Newton の運動法則により

$$Ma = Mg - kv$$

となる。一方，

$$a = \frac{dv}{dt}, \quad v = \frac{dl}{dt}$$

なので速度 v を時間 t の未知関数とする次の1階常微分方程式が導かれる。

$$\frac{dv}{dt} + \frac{k}{M}v = g \tag{1.1}$$

また落下距離 l に関しては，次の2階常微分方程式が導かれる。

$$\frac{d^2l}{dt^2} + \frac{k}{M}\frac{dl}{dt} = g$$

例題 1 質量 M [kg] の物体を上空に向けて v_0 [m/s] の速度で発射する。このとき物体は鉛直線上を移動し，物体に作用する力は重力と空気抵抗だけであるとする。物体の速度を v [m/s] とする。このとき空気抵抗は速度に比例し，$-kv$ [N] であるとする。さらに，物体に作用する重力は Mg [N] であるとする。ただし，k [kg/s] は正の比例定数，g [m/s^2] は重力加速度を表す。物体の速度 v が発射後の経過時間 t の関数として解となる微分方程式を求めなさい。

例題 1 の解答 Newton の運動法則より，次の 1 階常微分方程式が導かれる。

$$M\frac{dv}{dt} = -Mg - kv \tag{1.2}$$

例 2 コイル，抵抗，電源が直列につながれた回路を流れる電流の変化は，1 階常微分方程式の解により記述されることを示す。t [s] を時間 I [A] と E [V] をそれぞれ時間 t での電流と電源電圧とする。コイルでの電圧降下は

$$L\frac{dI}{dt}$$

で表される。ただし，L [H] はインダクタンスと呼ばれる正の定数である。また抵抗での電圧降下は RI で表される。ただし R [Ω] は抵抗値と呼ばれる正の定数である。Kirchhoff の法則（閉回路では電圧降下の和は 0 V である）によると次の電流 I を時間 t の未知関数とする次の 1 階微分方程式が導かれる。

$$L\frac{dI}{dt} + RI = E$$

例 3 底面からの高さが y [m] での水平断面の面積が $A(y)$ [m^2] のタンクがあるとする。このタンクの底面には排水口が設けられている。底面から水面までの高さを y [m]，排水口から流出する水の速度を v [m/s]，水の密度を ρ とすると水のポテンシャルエネルギー $\rho g y$ と運動エネルギー $\rho v^2/2$ は等しいので $v = \sqrt{2gy}$ となる。A_0 を排水口の断面積とすると 1 秒間に $A_0\sqrt{2gy}$ [m^3/s] の速さで，水が流出する。実際には摩擦により 1 秒間に

$$\alpha A_0 \sqrt{2gy} \quad (0 < \alpha \leq 1)$$

の速さで水が流出する。$V(y)$ [m^3] をタンクの水量とすると，1 秒間当たりの流出量は V の時間的変化率に等しいので，

$$\frac{dV}{dt} = \alpha A_0 \sqrt{2gy}$$

となる。一方

$$V(y) = \int_0^y A(u)\,du$$

1.1. 常微分方程式の例

より

$$\frac{dV}{dt} = A(y)\frac{dy}{dt}$$

が成り立つので，底面から水面までの高さ y が時間 t の関数として解となる次の1階微分方程式が導かれる。

$$\frac{dy}{dt} = -\frac{\alpha A_0 \sqrt{2g}}{A(y)}\sqrt{y} \tag{1.3}$$

例題 2 水平断面積が A m^2 で一定のタンクがあるとする。このタンクの底面には排水口が設けられ，底面から水面までの高さが y m のとき $-k\sqrt{y}$ m^3/s の速度で水が流出するとして，底面から水面までの高さ y が時間 t の関数として解となる微分方程式を求めなさい。

例題 2 の解答 例3の問題に対して $k = \alpha A_0 \sqrt{2g}$, $A(y) = A$ とすると，1階微分方程式 (1.3) は

$$\frac{dy}{dt} = -\frac{k}{A}\sqrt{y}$$

となる。

練習問題 1 例 *3* の条件のもと，一秒間に Q *[m³]* の水がタンクに水が供給されるとする。このとき底面から水面までの高さ y *[m]* が時間 t *[s]* の関数として解となる微分方程式を導きなさい。

例 4 一端で固定されたバネの他の一端におもりが吊り下げられているとする。静止状態のおもりを持ち上げるか，あるいは引き下げて，手をはなすとおもりは上下運動を始める。この上下運動はおもりに働く空気抵抗により次第に小さくなり，やがておもりは静止する。この間のおもりの位置が時間の関数として解となる微分方程式を求める。おもりを取りつけたときバネは S *[m]* 伸びるとすると，おもりの質量 M *[kg]*，重力加速度 g *[m/s²]* と S に対して次の式が成立する定数 k *[kg/m]* が存在する。

$$Mg = kS \tag{1.4}$$

下向きが正の方向になるように鉛直線と平行に x 軸を設定し，おもりを取りつけたときのバネの先端の位置を $x = 0$ とする。時間を t *[s]*，運動開始から t 秒後のおもりの位置を x で表し，運動開始から t 秒後には，おもりに次の力が作用すると仮定する。

$$\begin{aligned}
\text{おもりの重量：} &\quad Mg \\
\text{バネの弾性による力：} &\quad -k(x+S) \\
\text{空気抵抗：} &\quad -cx' \text{ (}c\text{ }[kg/m]\text{ は抵抗係数)} \\
\text{外力：} &\quad r(t) \text{ }[N]
\end{aligned}$$

このとき Newton の運動法則により

$$Mx'' = -k(x+S) + Mg - cx' + r(t)$$

となる。したがって，式 (1.4) より次の 2 階微分方程式が導かれる。

$$Mx'' + cx' + kx = r(t)$$

例 5 抵抗，コンデンサ，コイル（誘導子）が直列につながれた RLC 回路を想定する。E_R, E_L, E_C をそれぞれ抵抗，コンデンサ，コイルによる電圧降下 [V] とする。また，回路の電流を $I[A]$ で表す。E_R, E_L, E_C に関しては次の三つの式が成り立つ。

$$E_R = RI$$
$$E_L = L\frac{dI}{dt}$$
$$E_C = \frac{1}{C}Q = \frac{1}{C}\int I\,dt$$

$R\ [\Omega]$ は抵抗の抵抗値，$L\ [H]$ はコイルのインダクタンス，$C\ (F)$ はコンデンサのキャパシタンスと呼ばれる。また，$Q\ (C)$ はコンデンサの電荷を表す。起電力を $E(t)\ (V)$ で表すと，Kirchhoff の法則（閉回路では電圧降下の和は $0\ V$ である）により

$$E_R + E_L + E_C = E(t)$$

が成り立つ。すなわち

$$L\frac{dI}{dt} + RI + \frac{1}{C}\int I\,dt = E(t)$$

この式の両辺を微分することにより次の微分方程式が導かれる。

$$LI'' + RI' + \frac{1}{C}I = E'(t)$$

特に $E(t) = E_0 \sin \omega t$（E_0 は定数）とすると次の式が得られる。

$$LI'' + RI' + \frac{1}{C}I = E_0 \omega \cos \omega t \tag{1.5}$$

1.2 変数分離形方程式

関数 $f(x)$ に対し $g'(x) = f(x)$ が成り立つとき，関数 $g(x)$ を $f(x)$ の原始関数という。関数 $g(x)$ が $f(x)$ の原始関数ならば，$g(x)$ に任意の定数 c を加えた $g(x) + c$ も $f(x)$ の原始関数となる。このように，ある特定の原始関数に，任意の定数を加えることにより表される $f(x)$ の原始関数を

$$\int f(x)\,dx$$

1.2. 変数分離形方程式

で表す。すなわち

$$\int f(x)\,dx = g(x) + c$$

となる。このように，ある原始関数に任意の定数を加えることによって表される原始関数を $f(x)$ の不定積分という。また，$f(x)$ の不定積分を

$$\int f(x)\,dx + c$$

で表すこともある。

次の形の微分方程式を1階変数分離形方程式という。

$$y' = f(x)\,g(y)$$

1階変数分離形方程式の解法を定理1にまとめる。

定理 1 関数 $H(y)$ が

$$\frac{1}{g(y)}$$

の原始関数であり，任意の定数 c に対し $y(x)$ が式

$$H(y) = \int f(x)\,dx + c$$

を満たすならば，$y(x)$ は変数分離形方程式

$$y' = f(x)\,g(y)$$

の解である。

練習問題 2 定理1を証明しなさい。

変数分離形方程式は

$$\frac{1}{g(y)} y' = f(x)$$

と書けるので，その解は式

$$\int \frac{dy}{g(y)} = \int f(x) + c$$

によって与えられる。変数分離形方程式の解に限らず，一般に任意の定数が現れる微分方程式の解を，その一般解と呼ぶ。この任意の定数は，解が満たすべき条件を設定することによって特定される。微分方程式の解 $y(x)$ に課す次の条件を初期条件という。

$$y(a) = b \tag{1.6}$$

また微分方程式と初期条件から構成される問題を初期値問題という。

例題 3 例題 2 で導かれた微分方程式の一般解を求めなさい。

例題 3 の解答
$$\frac{dy}{\sqrt{y}} = -\frac{k}{A} dt$$

より

$$2\sqrt{y} = -\frac{k}{A} t + c$$

となる。ただし c を任意の定数とする。この式より

$$y = \frac{\left(-\frac{k}{A} t + c\right)^2}{4}$$

となる。

練習問題 3 次の微分方程式を解きなさい。

$$\frac{dy}{dx} = ky$$

ただし k を定数とする。また，条件 *(1.6)* を満たす解を求めなさい。

1.3 1階線形常微分方程式

1.3.1 同次方程式とその解

微分方程式

$$y' + P(x) y = Q(x) \tag{1.7}$$

を1階線形常微分方程式と呼ぶ。右辺の関数 $Q(x)$ が定数関数 0 であるときに1階線形常微分方程式は同次であるといい，そうでないときは非同次であるという。したがって同次方程式は

$$y' + P(x) y = 0 \tag{1.8}$$

となる。

同次方程式 (1.8) は1階変数分離形方程式であり，

$$\frac{y'}{y} = -P(x)$$

と変形される。$y > 0$ とすると，この式の左辺は $\log y$ の導関数なので

$$\log y = -\int P(x)\, dx + c$$

1.3. 1階線形常微分方程式

となる。ただし c を任意の定数とする。さらに，

$$y = e^{-\int P(x)\,dx + c}$$

この解は $y > 0$ と仮定して得られたが，一般に同次方程式の解は

$$y = ce^{-\int P(x)\,dx}$$

と表すことができる。ただし c を任意の定数とする。また初期値問題 (1.8), (1.6) の解 $y(x)$ は次の式で与えられる。

$$y(x) = be^{-\int_a^x P(u)\,du}$$

定理 2 同次方程式

$$y' + P(x)y = 0$$

の一般解は

$$y = ce^{-\int P(x)\,dx}$$

で表される。ただし c を任意の定数とする。初期値問題

$$y' + P(x)y = 0, \quad y(a) = b$$

の解 $y(x)$ は次の式で与えられる。

$$y(x) = be^{-\int_a^x P(u)\,du}$$

練習問題 4 定理 2 を証明しなさい。

1.3.2 非同次方程式の解

$A(x) = \int P(x)\,dx$ すなわち $A(x)$ は $P(x)$ の原始関数とする。

$$z = e^{A(x)}y$$

とおくと，非同次方程式 (1.7) は

$$z' = e^{A(x)}\{y' + p(x)y\} = e^{A(x)}Q(x)$$

となる。したがって

$$z = \int e^{A(x)}Q(x)\,dx + c$$

となり，非同次方程式の一般解は

$$y = e^{-A(x)} \left\{ \int e^{A(x)} Q(x) \, dx + c \right\}$$

で表される。ただし c を任意の定数とする。また

$$A(x) = \int_a^x P(u) \, du$$

とすると，初期値問題 (1.6)，(1.7) の解は

$$y = e^{-A(x)} \left\{ \int_a^x e^{A(x)} Q(x) \, dx + b \right\}$$

で表される。以上の結果を定理 3 にまとめる。

定理 3 $A(x)$ が $P(x)$ の原始関数であるとすると非同次方程式

$$y' + P(x) y = Q(x)$$

の一般解は

$$y = e^{-A(x)} \left\{ \int e^{A(x)} Q(x) \, dx + c \right\}$$

で表される。ただし c を任意の定数とする。

$$A(x) = \int_a^x P(u) \, du$$

とすると，初期値問題

$$y' + P(x) y = Q(x), \quad y(a) = b$$

の解は次の式で表される。

$$y(x) = e^{-A(x)} \left\{ \int_a^x e^{A(x)} Q(x) \, dx + b \right\}$$

練習問題 5 定理 3 を証明しなさい。

例題 4 例 1 に関する次の問題 1) と 2) に答えなさい。

1) 微分方程式 (1.1) の一般解を求めなさい。

2) 物体が静止状態から落下する。このとき落下開始から t 秒後の物体の速度と落下距離を求めなさい。

1.3. 1階線形常微分方程式

例題 4 の解答

1) 微分方程式は 1 階線形微分方程式であり，両辺に $e^{\frac{k}{M}t}$ をかけることにより次の式に変形できる．

$$\frac{d}{dt}\left(e^{\frac{k}{M}t}v\right) = ge^{\frac{k}{M}t}$$

この式より

$$e^{\frac{k}{M}t}v = \frac{gM}{k}e^{\frac{k}{M}t} + c$$

となり，さらに

$$v = \frac{gM}{k} + ce^{-\frac{k}{M}t}$$

となる．ただし c を任意の定数とする．$t=0$ のとき $v=0$ ならば，

$$0 = \frac{gM}{k} + c$$

より

$$c = -\frac{gM}{k}$$

であり，

$$v = \frac{gM}{k} - \frac{gM}{k}e^{-\frac{k}{M}t} = \frac{gM}{k}\left(1 - e^{-\frac{k}{M}t}\right)$$

となる．

微分方程式 (1.1) は変数分離形方程式として解くこともできる．すなわち

$$\int \frac{dv}{v - \frac{gM}{k}} = -\frac{k}{M}\int dt$$

より

$$\ln\left|v - \frac{gM}{k}\right| = -\frac{k}{M}t + d$$

となる．ただし d を任意の定数とする．この式より

$$v = \frac{gM}{k} + ce^{-\frac{k}{M}t}$$

となる．ただし c を任意の定数とする．

2) 物体が落下を始めてから t 秒後の速度は

$$v = \frac{gM}{k}\left(1 - e^{-\frac{k}{M}t}\right)$$

であり，落下点から物体までの距離を x とすると

$$\frac{dx}{dt} = \frac{gM}{k}\left(1 - e^{-\frac{k}{M}t}\right)$$

より

$$x = \frac{gM}{k}\left\{t + \frac{M}{k}e^{-\frac{k}{M}t}\right\} + c$$

となる。また $t = 0$ のとき $x = h$ ならば

$$h = \frac{gM^2}{k^2} + c$$

より

$$x = \frac{gM}{k}\left(t - \frac{M}{k}e^{-\frac{k}{M}t}\right) + h - \frac{gM^2}{k^2} = h + \frac{gM}{k}t - \frac{gM^2}{k^2}\left(1 - e^{-\frac{k}{M}t}\right)$$

となる。

練習問題 6 例 *2* に関する次の問題 *1)* と *2)* に答えなさい。

1) 微分方程式の一般解を求めなさい。

2) E が定数のときに電流が，その初期の値にかかわらず近づく値を求めなさい。

例題 5 例題 *1* の微分方程式に関する次の問題 *1)* と *2)* に答えなさい。

1) $t = 0$ のとき $v = v_0$ となる *1)* の微分方程式の解を M, g, k, v_0, t の式で表しなさい。

2) 物体が，発射後最高点に到達するまでにかかる時間，すなわち $v = 0$ となるまでにかかる時間を M, g, k, v_0 の式で表しなさい。また発射地点から最高点までの距離を M, g, k, v_0 の式で表しなさい。

例題 5 の解答

1) 微分方程式 (1.2) は 1 階線形微分方程式である。両辺に $e^{\frac{k}{M}t}$ をかけることにより次の式に変形できる。

$$\frac{d}{dx}\left(e^{\frac{k}{M}t}v\right) = -ge^{\frac{k}{M}t}$$

1.3. 1階線形常微分方程式

この式より
$$e^{\frac{k}{M}t}v = -\frac{gM}{k}e^{\frac{k}{M}t} + c$$
となり，さらに
$$v = -\frac{gM}{k} + ce^{-\frac{k}{M}t}$$
となる。ただし c を任意の定数とする。$t=0$ のとき $v=v_0$ ならば
$$v_0 = -\frac{gM}{k} + c$$
より
$$c = v_0 + \frac{gM}{k}$$
であり
$$v = -\frac{gM}{k} + \left(v_0 + \frac{gM}{k}\right)e^{-\frac{k}{M}t}$$
となる。

微分方程式 (1.2) は変数分離形方程式として解くこともできる。
$$\int \frac{dv}{v + \frac{gM}{k}} = -\frac{k}{M}\int dt$$
より
$$\ln\left|v + \frac{gM}{k}\right| = -\frac{k}{M}t + d$$
となる。ただし d を任意の定数とする。この式より
$$v = -\frac{gM}{k} + ce^{-\frac{k}{M}t}$$
となる。ただし c を任意の定数とする。

2)
$$v = -\frac{gM}{k} + \left(v_0 + \frac{gM}{k}\right)e^{-\frac{k}{M}t} = 0$$
とおくと
$$t = \frac{M}{k}\ln\left(\frac{kv_0}{gM} + 1\right)$$

となる。また
$$\frac{dx}{dt} = v = -\frac{gM}{k} + \left(v_0 + \frac{gM}{k}\right)e^{-\frac{k}{M}t}$$
とおくと
$$x = -\frac{gM}{k}t - \frac{M}{k}\left(v_0 + \frac{gM}{k}\right)e^{-\frac{k}{M}t} + c$$
となる。ただし c を任意の定数とする。$t=0$ のとき $x=0$ ならば
$$c = \frac{M}{k}\left(v_0 + \frac{gM}{k}\right)$$
であり
$$x = -\frac{gM}{k}t - \frac{M}{k}\left(v_0 + \frac{gM}{k}\right)e^{-\frac{k}{M}t} + \frac{M}{k}\left(v_0 + \frac{gM}{k}\right)$$
となる。したがって最高点では
$$x = \frac{gM^2}{k^2}\left\{\frac{kv_0}{gM} - \ln\left(\frac{kv_0}{gM} + 1\right)\right\}$$
となる。

1.4　2階線形常微分方程式

微分方程式
$$y'' + P(x)y' + Q(x)y = R(x) \tag{1.9}$$
は2階線形常微分方程式と呼ばれる。関数 $P(x)$ と $Q(x)$ は係数と呼ばれる。関数が $R(x)$ が定数関数 0 であるときに2階線形常微分方程式は同次であるといい，それ以外の場合非同次であるという。ここでは，特に係数が定数の場合を取り扱う。

1.4.1　定数係数同次方程式

2階線形定数係数同次方程式は一般に次の式で表される。
$$y'' + ay' + by = 0 \tag{1.10}$$
ただし a と b を定数とする。まず $a=0$ の場合，すなわち次の微分方程式について考察する。
$$y'' + by = 0 \tag{1.11}$$

1.4. 2階線形常微分方程式

定理 4 $b > 0$ のとき
$$u_1(x) = \cos kx, \quad u_2(x) = \sin kx, \quad k = \sqrt{b}$$
$b = 0$ のとき
$$u_1(x) = 1, \quad u_2(x) = x$$
$b < 0$ のとき
$$u_1(x) = e^{-kx}, \quad u_2(x) = e^{kx}, \quad k = \sqrt{-b}$$
とおくと，
$$y = c_1 u_1(x) + c_2 u_2(x)$$
は微分方程式 *(1.11)* の解である。ただし c_1 と c_2 を任意の定数とする。

練習問題 7 定理 *4* を証明しなさい。

定理 5 関数 $y = y(x)$ と $u = u(x)$ に対して
$$y = u e^{-\frac{a}{2}x}$$
が成り立つとき，y が微分方程式
$$y'' + ay' + by = 0$$
の解であることは，u が微分方程式
$$u'' + \frac{4b - a^2}{4} u = 0$$
の解であるための必要十分条件である。

練習問題 8 定理 *5* を証明しなさい。

定理 6 $4b - a^2 > 0$ のとき
$$u_1(x) = \cos kx, \quad u_2(x) = \sin kx, \quad k = \frac{\sqrt{4b - a^2}}{2}$$
$4b - a^2 = 0$ のとき
$$u_1(x) = 1, \quad u_2(x) = x$$

$4b - a^2 < 0$ のとき

$$u_1(x) = e^{-kx}, \quad u_2(x) = e^{kx}, \quad k = \frac{\sqrt{a^2 - 4b}}{2}$$

とおくと

$$y = e^{-\frac{a}{2}x}\{c_1 u_1(x) + c_2 u_2(x)\} \tag{1.12}$$

は微分方程式 (1.10) の解である。ただし c_1 と c_2 を任意の定数とする。

二つの定数が現れる解 (1.12) を微分方程式 (1.10) の一般解という。

練習問題 9 定理 6 を証明しなさい。

次の 2 次方程式を，定数係数同次 2 階線形微分方程式 (1.10) の特性方程式と呼ぶ。

$$\lambda^2 + a\lambda + b = 0$$

微分方程式 (1.10) の一般解は，特性方程式の解が，二つの異なる実数解

$$\lambda_1 = \frac{-a - \sqrt{a^2 - 4b}}{2}, \quad \lambda_2 = \frac{-a - \sqrt{a^2 - 4b}}{2}$$

である場合，

$$y = c_1 e^{\lambda_1 x} + c_2 e^{\lambda_2 x}$$

特性方程式の解がただ一つの実数解

$$\lambda = -\frac{a}{2}$$

である場合，

$$y = e^{\lambda x}(c_1 + c_2 x)$$

特性方程式の解が二つの共役複素数解

$$\lambda_1 = \lambda_r - i\lambda_i, \quad \lambda_2 = \lambda_r + i\lambda_i, \quad \lambda_r = -\frac{a}{2}, \quad \lambda_i = \frac{\sqrt{4b - a^2}}{2}$$

である場合，

$$y = e^{\lambda_r x}(c_1 \cos \lambda_i x + c_2 \sin \lambda_i x)$$

となる。ただし c_1 と c_2 を任意の定数とする。

1.4.2 定数係数非同次方程式

2階線形定数係数非同次方程式は，一般に次の式で表される。

$$y'' + ay' + by = R(x) \tag{1.13}$$

ここで，関数 f を関数 $L(f)$ に変換する演算子 L を

$$L(f) = f'' + af' + bf$$

で定義すると，微分方程式 (1.13) は

$$L(y) = R$$

と表される。任意の二つの定数 c_1 と c_2 と二つの関数 y_1 と y_2 に対して演算子 L は次の性質を備えている。

$$L(c_1 y_1 + c_2 y_2) = c_1 L(y_1) + c_2 L(y_2)$$

この性質を備える演算子は線形であるという。

y_1 と y_2 が非同次方程式 (1.13) の解であるとすると $y = y_2 - y_1$ とすると

$$L(y) = L(y_2 - y_1) = L(y_2) - L(y_1) = R - R = 0$$

となる。したがって $y = y_2 - y_1$ は同次方程式 (1.10) の解である。一方，同次方程式 (1.10) の一般解を

$$y = c_1 v_1(x) + c_2 v_2(x) \tag{1.14}$$

とおくと

$$y_2 = c_1 v_1 + c_2 v_2 + y_1 \tag{1.15}$$

となる。二つの任意の定数が現れる解を非同次方程式 (1.13) の一般解，一般解ではない解を特殊解という。式 (1.15) は非同次方程式の一般解は，非同次方程式の特殊解と同次方程式の一般解の和で表されることを示している。

定理 7 非同次方程式 *(1.13)* の一般解は，その特殊解と同次方程式 *(1.10)* の一般解の和で表される。

練習問題 10 定理 7 を証明しなさい。

二つの関数 $v_1(x)$ と $v_2(x)$ のロンスキー行列式 $W(x)$ を次の式で定義する。

$$W(x) = \begin{vmatrix} v_1(x) & v_2(x) \\ v_1'(x) & v_2'(x) \end{vmatrix} = v_1(x)v_2'(x) - v_1'(x)v_2(x)$$

関数 $v_1(x)$ と $v_2(x)$ が同次方程式 (1.10) の解であるとすると

$$\begin{aligned} W' &= v_1'v_2' + v_1v_2'' - (v_1''v_2 + v_1'v_2') \\ &= v_1v_2'' - v_1''v_2 \\ &= v_1(-av_2' - bv_2) - (-av_1' - bv_1)v_2 \\ &= -aW \end{aligned}$$

となる。したがって v_1 と v_2 が同次方程式の解であるときには，そのロンスキー行列式は定数関数 0 であるか，あるいは全ての x に対し，その値は 0 にならないことを示している。ロンスキー行列式が 0 でない一組の解を，同次方程式の基本解系という。

定理 8 $v_1(x)$ と $v_2(x)$ は同次方程式 *(1.10)* の基本解系であり，$W(x)$ はそのロンスキー行列式であるとする。このときに次の式で定義される関数 $y_p(x)$ は非同次方程式 *(1.11)* の特殊解である。

$$y_p(x) = -v_1(x)\int \frac{v_2(x)R(x)}{W(x)}dx + v_2(x)\int \frac{v_1(x)R(x)}{W(x)}dx$$

練習問題 11 条件

$$c_1'y_1 + c_2'y_2 = 0$$

のもと，$y_p = c_1y_1 + c_2y_2$ とおき，定理 8 を証明しなさい。

例題 6 次の微分方程式の一般解を求めなさい。また，初期条件 $y(0) = y_0$, $y'(0) = v_0$ を満たす解も求めなさい。

1) $y'' - y = 0$

2) $y'' - y = \cos x$

3) $y'' - 2y' + y = 0$

4) $y'' - 2y' + y = x$

5) $y'' + y = 0$

6) $y'' + y = \sin 2x$

1.4. 2階線形常微分方程式

例題 6 の解答

1) 特性方程式 $\lambda^2 - 1 = 0$ の解は $\lambda = \pm 1$ なので，同次方程式の一般解は

$$y = c_1 e^{-x} + c_2 e^x$$

である。ただし c_1 と c_2 を任意の定数とする。初期条件

$$y(0) = c_1 + c_2 = y_0, \quad y'(0) = -c_1 + c_2 = v_0$$

より，この解は

$$c_1 = \frac{y_0 - v_0}{2}, \quad c_2 = \frac{y_0 + v_0}{2}$$

のとき初期条件を満たす。

2) 関数 $v_1(x) = e^{-x}$, $v_2(x) = e^x$ は同次方程式

$$y'' - y = 0$$

の基本解系であり，ロンスキー行列式 $W(x)$ は

$$W(x) = \begin{vmatrix} v_1(x) & v_2(x) \\ v_1'(x) & v_2'(x) \end{vmatrix} = \begin{vmatrix} e^{-x} & e^x \\ -e^{-x} & e^x \end{vmatrix} = 2$$

となる。関数

$$\begin{aligned}
y_p(x) &= -v_1(x) \int \frac{v_2(x) R(x)}{W(x)} dx + v_2(x) \int \frac{v_1(x) R(x)}{W(x)} dx \\
&= -e^{-x} \int \frac{e^x \cos x}{2} dx + e^x \int \frac{e^{-x} \cos x}{2} dx \\
&= -e^{-x} \cdot \frac{1}{4} e^x (\cos x + \sin x) + e^x \cdot \frac{1}{4} e^{-x} (-\cos x + \sin x) \\
&= -\frac{1}{2} \cos x
\end{aligned}$$

は非同次方程式の特殊解であり，その一般解は

$$y = c_1 e^{-x} + c_2 e^x - \frac{1}{2} \cos x$$

となる。ただし c_1 と c_2 を任意の定数とする。このとき初期条件

$$y(0) = c_1 + c_2 - \frac{1}{2} = y_0, \quad y'(0) = -c_1 + c_2 = v_0$$

より，この解は

$$c_1 = \frac{y_0 - v_0}{2} + \frac{1}{4}, \quad c_2 = \frac{y_0 + v_0}{2} + \frac{1}{4}$$

のとき初期条件を満たす。

3) 特性方程式 $\lambda^2 - 2\lambda + 1 = (\lambda - 1)^2 = 0$ の解は重解 $\lambda = 1$ なので，関数

$$y = e^x (c_1 + c_2 x)$$

は同次方程式の一般解である。ただし c_1 と c_2 を任意の定数とする。このとき初期条件

$$y(0) = c_1 = y_0, \quad y'(0) = c_1 + c_2 = v_0$$

より，この解は

$$c_1 = y_0, \quad c_2 = v_0 - y_0$$

のとき初期条件を満たす。

4) 関数 $v_1(x) = e^x$, $v_2(x) = xe^x$ は同次方程式

$$y'' - 2y' + y = 0$$

の基本解系であり，ロンスキー行列式 $W(x)$ は

$$W(x) = \begin{vmatrix} v_1(x) & v_2(x) \\ v_1'(x) & v_2'(x) \end{vmatrix} = \begin{vmatrix} e^x & xe^x \\ e^x & e^x + xe^x \end{vmatrix} = e^{2x}$$

となる。関数

$$\begin{aligned}
y_p(x) &= -v_1(x) \int \frac{v_2(x) R(x)}{W(x)} dx + v_2(x) \int \frac{v_1(x) R(x)}{W(x)} dx \\
&= -e^x \int \frac{xe^x \cdot x}{e^{2x}} dx + xe^x \int \frac{e^x \cdot x}{e^{2x}} dx \\
&= -e^x \int x^2 e^{-x} dx + xe^x \int xe^{-x} dx \\
&= -e^x \cdot \{-e^{-x}(x^2 + 2x + 2)\} + xe^x \cdot \{-e^{-x}(x+1)\} \\
&= x + 2
\end{aligned}$$

は非同次方程式の特殊解であり，その一般解は

$$y = e^x(c_1 + c_2 x) + x + 2$$

である。ただし c_1 と c_2 を任意の定数とする。このとき初期条件

$$y(0) = c_1 + 2 = y_0, \quad y'(0) = c_1 + c_2 + 1 = v_0$$

より，この解は

$$c_1 = y_0 - 2, \quad c_2 = v_0 - y_0 + 1$$

のとき初期条件を満たす。

1.4. 2階線形常微分方程式

5) 特性方程式 $\lambda^2 + 1 = (\lambda - 1)^2 = 0$ の解は共役複素数 $\lambda = \pm i$ なので同次方程式の一般解は

$$y = c_1 \cos x + c_2 \sin x$$

である。ただし c_1 と c_2 を任意の定数とする。このとき初期条件

$$y(0) = c_1 = y_0, \quad y'(0) = c_2 = v_0$$

より，この解は $c_1 = y_0, c_2 = v_0$ のとき初期条件を満たす。

6) 関数 $v_1(x) = \cos x$, $v_2(x) = \sin x$ は同次方程式

$$y'' + 1 = 0$$

の基本解系であり，ロンスキー行列式 $W(x)$ は

$$W(x) = \begin{vmatrix} v_1(x) & v_2(x) \\ v_1'(x) & v_2'(x) \end{vmatrix} = \begin{vmatrix} \cos x & \sin x \\ -\sin x & \cos x \end{vmatrix} = 1$$

である。関数

$$\begin{aligned}
y_p(x) &= -v_1(x) \int \frac{v_2(x) R(x)}{W(x)} dx + v_2(x) \int \frac{v_1(x) R(x)}{W(x)} dx \\
&= -\cos x \int \sin x \cdot \sin 2x\, dx + \sin x \int \cos x \cdot \sin 2x\, dx \\
&= -\cos x \cdot \frac{1}{2} \int (\cos x - \cos 3x)\, dx + \sin x \cdot \frac{1}{2} \int (\sin x + \sin 3x)\, dx \\
&= -\cos x \cdot \frac{1}{2} \left(\sin x - \frac{1}{3} \sin 3x \right) + \sin x \cdot \frac{1}{2} \left(-\cos x - \frac{1}{3} \cos 3x \right) \\
&= \frac{1}{6} (\cos x \sin 3x - \sin x \cos 3x) - \sin x \cos x \\
&= \frac{1}{6} \sin 2x - \frac{1}{2} \sin 2x \\
&= -\frac{1}{3} \sin 2x
\end{aligned}$$

は非同次方程式の特殊解であり，その一般解は

$$y = c_1 \cos x + c_2 \sin x - \frac{1}{3} \sin 2x$$

である。ただし c_1 と c_2 を任意の定数とする。このとき初期条件より

$$y(0) = c_1 = y_0, \quad y'(0) = c_2 - \frac{2}{3} = v_0$$

より，この解は

$$c_1 = y_0, \quad c_2 = v_0 + \frac{2}{3}$$

のとき初期条件を満たす．

1.4.3 バネの自由振動と強制振動

例4のおもりの運動方程式は，$r(t) = 0$ とすると

$$x'' + \frac{c}{M}x' + \frac{k}{M}x = 0 \tag{1.16}$$

となる．そこで $a = \frac{c}{M}, b = \frac{k}{M}$ とすると

$$4b - a^2 = \frac{4Mk - c^2}{M^2}$$

であり，したがって微分方程式 (1.16) の一般解は $4Mk - c^2 > 0$ の場合

$$x = e^{-\frac{a}{2}t}\{c_1 \cos\alpha t + c_2 \sin\alpha t\} = e^{-\frac{c}{2M}t}\{c_1 \cos\alpha t + c_2 \sin\alpha t\}$$

$4Mk - c^2 = 0$ の場合

$$x = e^{-\frac{a}{2}t}\{c_1 + c_2 t\} = e^{-\frac{c}{2M}t}\{c_1 + c_2 t\}$$

$4Mk - c^2 < 0$ の場合

$$x = e^{-\frac{a}{2}t}\{c_1 e^{-\beta t} + c_2 e^{\beta t}\} = e^{-\frac{c}{2M}t}\{c_1 e^{-\beta t} + c_2 e^{\beta t}\}$$

となる．ただし c_1 と c_2 を任意の定数，

$$\alpha = \frac{\sqrt{4b - a^2}}{2} = \frac{\sqrt{4Mk - c^2}}{2M}, \quad \beta = \frac{\sqrt{a^2 - 4b}}{2} = \frac{\sqrt{c^2 - 4Mk}}{2M}$$

とする．特に $c = 0$ のときに一般解は

$$x = c_1 \cos\omega_0 t + c_2 \sin\omega_0 t = C \cos(\omega_0 t - \gamma)$$

となる．ただし

$$\omega_0 = \sqrt{\frac{k}{M}}, \quad C = \sqrt{c_1^2 + c_2^2}, \quad \tan\gamma = \frac{c_2}{c_1}$$

とする．このとき，おもりの運動を調和振動といい，また $\omega_0/2\pi$ [Hz] を振動数という．

おもりの運動方程式は，$r(t) = F\cos\omega t$ とすると，

$$Mx'' + cx' + kx = F\cos\omega t \tag{1.17}$$

1.4. 2階線形常微分方程式

となる。この微分方程式の特殊解は，定理 8 により求められるが，ここでは未定係数法という方法で求める。

$$x_p = a\cos\omega t + b\sin\omega t$$

とおき，これを微分方程式 (1.17) に代入し，両辺の係数を比較することにより次の式が導かれる。

$$a = F\frac{k - M\omega^2}{(k - M\omega^2)^2 + \omega^2 c^2}, \quad b = F\frac{\omega c}{(k - M\omega^2)^2 + \omega^2 c^2}$$

ここで

$$\omega_0 = \sqrt{\frac{k}{M}}$$

とおくと

$$a = F\frac{M\left(\omega_0^2 - \omega^2\right)}{M^2\left(\omega_0^2 - \omega^2\right)^2 + \omega^2 c^2}, \quad b = F\frac{\omega c}{M^2\left(\omega_0^2 - \omega^2\right)^2 + \omega^2 c^2}$$

となる。特に $c = 0$ の場合，特殊解は次の式で表される。

$$x_p(t) = \frac{F}{M\left(\omega_0^2 - \omega^2\right)}\cos\omega t$$

したがって微分方程式 (1.17) の一般解は

$$x = C\cos(\omega_0 t - \gamma) + \frac{F}{M\left(\omega_0^2 - \omega^2\right)}\cos\omega t$$

となる。この場合 $\omega_0/2\pi$ [Hz] を系の固有振動数，$\omega/2\pi$ [Hz] を入力振動数という。ここで得られた特殊解の式は固有振動数と入力振動数が一致しない場合，すなわち $\omega_0 \neq \omega$ の場合成立する。

$\omega_0 = \omega$ の場合微分方程式 (1.17) は

$$x'' + \omega_0^2 x = \frac{F}{M}\cos\omega_0 t$$

となる。特殊解を

$$x_p = t\left(a\cos\omega_0 t + b\sin\omega_0 t\right)$$

とおき微分方程式に代入すると

$$a = 0, \quad b = \frac{F}{2M\omega_0}$$

となる。したがって特殊解は

$$x_p = \frac{F}{2M\omega_0}t\sin\omega_0 t$$

この時間の経過にともない振動が大きくなる現象は共振（共鳴）と呼ばれる。

例 6 例 5 の非同次方程式 (1.5) の特殊解 I_p を求めるため

$$I_p = a\cos\omega t + b\sin\omega t$$

とおく。これを (1.5) に代入すると

$$a = -\frac{E_0 S}{R^2 + S^2}, \quad b = \frac{E_0 R}{R^2 + S^2} \quad \left(\omega L - \frac{1}{\omega C}\right)$$

となる。

例題 7 バネの振動に関する次の微分方程式について，次の問題 *1)* と *2)* に答えなさい。

$$Mx'' + cx' + kx = 0$$

1) x, t, M, c, k がそれぞれ何を表すか，書きなさい。

2) $M = 1$, $c = 2$, $k = 2$ とする。このときの一般解を求めなさい。

例題 7 の解答

1) 下向きが正となるように鉛直方向に座標軸を設定する。x はこの座標系の変数で，重力の影響下でバネに取り付けられたおもりの静止位置からの変位を表す。t は時間，M はおもりの質量を表す。おもりに作用する空気抵抗はおもりの速度に比例すると仮定し，c はそのときの比例定数を表す。バネが伸ばすのに必要な力は伸ばす長さに比例すると仮定し，k はそのときの比例定数を表す。

2) $M = 1$, $c = 2$, $k = 2$ のときに微分方程式は

$$x'' + 2x' + 2x = 0$$

となる。$a = 2$, $b = 2$ とおくと，$4b - a^2 = 4 > 0$

$$k = \frac{\sqrt{4b - a^2}}{2} = 1$$

なので，一般解は

$$y = e^{\frac{a}{2}t}(c_1 \cos kt + c_2 \sin kt) = e^t(c_1 \cos t + c_2 \sin t)$$

となる。ただし c_1 と c_2 を任意の定数とする。

1.5 2次元力学系の臨界点とその安定性について

二つの x と y の関数 $f(x,y)$ と $g(x,y)$ が与えられたとき，独立変数 t と未知の従属変数 x と y に関する二つの式

$$\begin{aligned} \frac{dx}{dt} &= f(x,y) \\ \frac{dy}{dt} &= g(x,y) \end{aligned} \tag{1.18}$$

を1階常微分方程式系と呼ぶ。1階常微分方程式系を条件として満たす t の関数 $x(t), y(t)$ を，その解という。また，$t=0$ での初期条件

$$x = x_0, \quad y = y_0$$

を満たす，微分方程式系(1.18)の解がただ一つ存在するとき，これを $x(t, x_0, y_0), y(t, x_0, y_0)$ で表す。このとき式

$$\begin{aligned} x(t+s, x_0, y_0) &= x(s, x(t, x_0, y_0), y(t, x_0, y_0)) \\ y(t+s, x_0, y_0) &= y(s, x(t, x_0, y_0), y(t, x_0, y_0)) \end{aligned}$$

が成り立つ。この条件を満たす関数によって定義される点 (x_0, y_0) から点 $(x(t, x_0, y_0), y(t, x_0, y_0))$ への写像を，2次元力学系という。

式

$$f(\xi, \eta) = 0, \quad g(\xi, \eta) = 0$$

が成り立つとき点 (ξ, η) は微分方程式系(1.18)の臨界点あるいは平衡点であるといい，定数の解 $x = x_0, y = y_0$ を定常解と呼ぶ。定常解 (ξ, η) に十分近い任意の点 (x_0, y_0) に対して，解 $(x(t, x_0, y_0), y(t, x_0, y_0))$ が，定常解 (ξ, η) の近傍にとどまっているとき，すなわち軌道

$$\{(x(t, x_0, y_0), y(t, x_0, y_0)) \mid t \geq 0\}$$

が (ξ, η) の近傍の部分集合であるとき，定常解 (ξ, η) は安定であるという。この条件に加えて，(ξ, η) に十分近い任意の (x_0, y_0) に対して

$$\lim_{t \to \infty} (x(t, x_0, y_0), y(t, x_0, y_0)) = (\xi, \eta)$$

が成り立つならば，安定な定常解 (ξ, η) は漸近安定であるという。また，安定でない定常解は不安定であるという。

定常解 (ξ, η) の近傍では $f(x,y)$ と $g(x,y)$ は

$$\begin{aligned} f(x,y) &= a(x-\xi) + b(y-\eta) + f_1(x,y) \\ g(x,y) &= c(x-\xi) + d(y-\eta) + g_1(x,y) \end{aligned}$$

と表される．ただし
$$a = \frac{\partial f}{\partial x}(\xi, \eta), \quad b = \frac{\partial f}{\partial y}(\xi, \eta), \quad c = \frac{\partial g}{\partial x}(\xi, \eta), \quad d = \frac{\partial g}{\partial y}(\xi, \eta)$$
であり，
$$\sqrt{(x-\xi)^2 + (y-\eta)^2} \longrightarrow 0$$
となるとき
$$\frac{f_1(x,y)}{\sqrt{(x-\xi)^2 + (y-\eta)^2}} \longrightarrow 0, \quad \frac{g_1(x,y)}{\sqrt{(x-\xi)^2 + (y-\eta)^2}} \longrightarrow 0$$
が成り立つものとする．一方
$$A = \begin{bmatrix} a & b \\ c & d \end{bmatrix}$$
とすると，
$$\Lambda = S^{-1} A S$$
が次のいずれかの形となる正則行列 S が存在する．

1) $\Lambda = \begin{bmatrix} \lambda & 0 \\ 0 & \lambda \end{bmatrix}$

2) $\Lambda = \begin{bmatrix} \lambda & 0 \\ 0 & \mu \end{bmatrix} \quad (\mu < \lambda < 0,\ 0 < \mu < \lambda)$

3) $\Lambda = \begin{bmatrix} \lambda & 0 \\ \gamma & \lambda \end{bmatrix}$

4) $\Lambda = \begin{bmatrix} \lambda & 0 \\ 0 & \mu \end{bmatrix} \quad (\lambda < 0 < \mu)$

5) $\Lambda = \begin{bmatrix} \alpha & \beta \\ -\beta & \alpha \end{bmatrix} \quad (\alpha \neq 0,\ \beta \neq 0)$

6) $\Lambda = \begin{bmatrix} 0 & \beta \\ -\beta & 0 \end{bmatrix} \quad (\beta \neq 0)$

1.5. 2次元力学系の臨界点とその安定性について

そこで

$$\begin{bmatrix} x - \xi \\ y - \eta \end{bmatrix} = S \begin{bmatrix} u \\ v \end{bmatrix}$$

とすると微分方程式系 (1.18) は

$$\begin{aligned} \frac{du}{dt} &= pu + qv + f_2(u, v) \\ \frac{dv}{dt} &= ru + sv + g_2(u, v) \end{aligned} \tag{1.19}$$

となる。ただし

$$\sqrt{u^2 + v^2} \longrightarrow 0$$

となるとき

$$\frac{f_2(u,v)}{\sqrt{u^2+v^2}} \longrightarrow 0, \quad \frac{g_2(u,v)}{\sqrt{u^2+v^2}} \longrightarrow 0$$

が成り立つ。

定常解 $(0,0)$ の近傍では，この微分方程式系の解は線形方程式系

$$\begin{aligned} \frac{du}{dt} &= pu + qv \\ \frac{dv}{dt} &= ru + sv \end{aligned} \tag{1.20}$$

の解で近似されると考えられるので，まずこの線形方程式系 (1.20) の定常解 $(0,0)$ の安定性について考察する。行列 Λ を前述の 6 つのケースに分けて，線形方程式系 (1.20) の解を求める。

1) 初期条件 $u(0) = u_0$, $v(0) = v_0$ を満たす微分方程式系

$$\begin{aligned} \frac{du}{dt} &= \lambda u \\ \frac{dv}{dt} &= \lambda v \end{aligned}$$

の解は

$$u(t) = u_0 e^{\lambda t}, \quad v(t) = v_0 e^{\lambda t}$$

なので，$\lambda < 0$ ならば臨界点 $(0,0)$ は漸近安定であり，$\lambda > 0$ ならば不安定である。この場合解の軌道 $(u,v) = (u(t), v(t))$ は式

$$v_0 u = u_0 v$$

を満たす。このタイプの臨界点を真正節 (proper node) という。

2) 初期条件 $u(0) = u_0$, $v(0) = v_0$ を満たす微分方程式系

$$\frac{du}{dt} = \lambda u$$
$$\frac{dv}{dt} = \mu v$$

の解は

$$u(t) = u_0 e^{\lambda t}, \quad v(t) = v_0 e^{\mu t}$$

なので，$\mu < \lambda < 0$ ならば臨界点 $(0,0)$ は漸近安定であり，$0 < \mu < \lambda$ ならば不安定である．この場合解の軌道は式

$$\left(\frac{v}{v_0}\right)^\lambda = \left(\frac{u}{u_0}\right)^\mu$$

を満たす．このタイプの臨界点を非真正節 (improper node) という．

3) 初期条件 $u(0) = u_0$, $v(0) = v_0$ を満たす微分方程式系

$$\frac{du}{dt} = \lambda u$$
$$\frac{dv}{dt} = \gamma u + \lambda v$$

の解は

$$u(t) = u_0 e^{\lambda t}, \quad v(t) = (\gamma u_0 t + v_0) e^{\lambda t}$$

なので，$\lambda < 0$ ならば臨界点 $(0,0)$ は漸近安定であり，$\lambda > 0$ ならば不安定である．このタイプの臨界点も非真正節 (improper node) と呼ばれる．

4) 初期条件 $u(0) = u_0$, $v(0) = v_0$ を満たす微分方程式系

$$\frac{du}{dt} = \lambda u$$
$$\frac{dv}{dt} = \mu v$$

の解は

$$u(t) = u_0 e^{\lambda t}, \quad v(t) = v_0 e^{\mu t}$$

なので，$\lambda < 0 < \mu$ なので臨界点 $(0,0)$ は不安定である．この場合も解の軌道は式

$$\left(\frac{v}{v_0}\right)^\lambda = \left(\frac{u}{u_0}\right)^\mu$$

を満たし，双曲線に類似する．このタイプの臨界点を鞍点 (saddle point) という．

1.5. 2次元力学系の臨界点とその安定性について

5) 初期条件 $u(0) = u_0$, $v(0) = v_0$ を満たす微分方程式系

$$\frac{du}{dt} = \alpha u + \beta v$$
$$\frac{dv}{dt} = -\beta u + \alpha v$$

の解 $u = u(t)$, $v = v(t)$ に対し，$u = r\cos\theta$, $v = r\sin\theta$ とおくと，$r = r(t)$, $\theta = \theta(t)$ は，初期条件 $r(0) = r_0$, $\theta(0) = \theta_0$ を満たす微分方程式系

$$\frac{dr}{dt} = \alpha r$$
$$\frac{d\theta}{dt} = -\beta$$

となる。ただし $r_0 = \sqrt{u_0 + v_0}$, $\tan\theta_0 = v_0/u_0$ とする。

$$r(t) = r_0 e^{\alpha t}, \quad \theta(t) = -\beta t + \theta_0$$

より

$$u(t) = r_0 e^{\alpha t}\cos(-\beta t + \theta_0), \quad v(t) = r_0 e^{\alpha t}\sin(-\beta t + \theta_0)$$

となるので，$\alpha < 0$ ならば臨界点 $(0,0)$ は漸近安定で，$\alpha > 0$ ならば不安定である。このタイプの臨界点を螺旋点 (spiral point) という。

6) 前述の解に対して $\alpha = 0$ の場合に相当する。このタイプの臨界点を中心 (center) という

定理 9 係数行列のすべての固有値の実部が負ならば原点は線形方程式系 *(1.20)* の漸近安定な臨界点である。

定理 10 原点が線形方程式系 *(1.20)* の漸近安定な臨界点ならば，(ξ, η) は微分方程式系 *(1.18)* の漸近安定な臨界点である。

練習問題 12 定理 *9* を証明しなさい。

第2章　常微分方程式モデルによる数理解析

2.1　河川の自浄作用と有機汚濁

2.1.1　DO と BOD

河川の汚濁の原因の一つとして生活排水等による有機汚濁がある。一方，河川の生態系は，主に分解者（細菌，真菌類），生産者（藻類〔植物プランクトン〕），消費者（原生動物，微小後生動物）からなる。河川の有機物は好気性微生物により酸化分解される。また，好気性微生物によりタンパク質はアンモニアと二酸化炭素と水に酸化分解される。このように，河川水には，生物化学的酸化分解による自然浄化作用（自浄作用）が備わっている。

生物化学的酸化分解では溶存酸素が消費される。その結果，溶存酸素が極端に低下すると河川水が嫌気性となり，生態系に影響を及ぼす。したがって，河川の水質に関しては，溶存酸素も重要な一因子である。そこで，河川の有機汚濁に関しては，水中にどれだけ酸素が含まれているか，また水中の有機物が分解されるためにはどれだけの酸素が必要かということが問題となる。水中に含まれている酸素量を溶存酸素量 (DO: dissolved oxygen) [mg/l] [ppm]，有機物が水中の微生物群に資化，無機化されるときに必要な酸素量を生物化学的酸素要求量 (BOD: Biochemical Oxygen Demand) [mg/l] [ppm] という。表 2.1 が示す通り，DO と BOD は河川の有機汚濁の指標として用いられる。

2.1.2　Streeter-Phelps の式とその解

時間を t [day]，BOD を L [mg/l] で表すとする。有機物の分解速度は，その時点での有機物量に比例すると想定すると

$$\frac{dL}{dt} = -K_1 L \tag{2.1}$$

となる。比例定数 K_1 は脱酸素係数と呼ばれる。一方，有機物が酸化分解されるときに溶存酸素が消費される。溶存酸素量が低下すると大気から酸素が補給される。この現象を再曝気と呼ぶ。再曝気の速度は，水と大気の酸素の濃度差や水面の面積に依存する。溶存酸素量を O，酸素飽和量を O_s で表す。再曝気量は，酸素飽和不足量 $O_s - O$ に比例すると想定される。したがって

$$\frac{dO}{dt} = -K_1 L + K_2 (O_s - O) \tag{2.2}$$

表 2.1: 河川（湖沼を除く。）の水質基準 (環境省：生活環境の保全に関する環境基準より抜粋)

	利用目的の適応性	水素イオン濃度 (pH)	生物化学的酸素要求量 (BOD)	浮遊物質量 (SS)	溶存酸素量 (DO)	大腸菌群数
AA	水道1級 自然環境保全 及びA以下の欄に掲げるもの	6.5以上 8.5以下	1 mg/l 以下	25 mg/l 以下	7.5 mg/l 以上	50MPN/100ml 以下
A	水道2級 水産1級 水浴 及びB以下の欄に掲げるもの	6.5以上 8.5以下	2 mg/l 以下	25 mg/l 以下	7.5 mg/l 以上	1,000MPN/100ml 以下
B	水道3級 水産2級 及びC以下の欄に掲げるもの	6.5以上 8.5以下	3 mg/l 以下	25 mg/l 以下	5 mg/l 以上	5,000MPN/100ml 以下
C	水産3級 工業用水1級 及びD以下の欄に掲げるもの	6.5以上 8.5以下	5 mg/l 以下	50 mg/l 以下	5 mg/l 以上	
D	工業用水2級 農業用水 及びE以下の欄に掲げるもの	6.0以上 8.5以下	8 mg/l 以下	100 mg/l 以下	2 mg/l 以上	
E	工業用水3級 環境保全	6.0以上 8.5以下	10 mg/l 以下	ごみ等の浮遊が認められないこと。	2 mg/l 以上	

となる。係数 K_2 を再曝気係数と呼ぶ。酸素飽和不足量を D で表すと，$D = O_s - O$ より式 (2.2) は

$$\frac{dD}{dt} = K_1 L - K_2 D \tag{2.3}$$

となる。式 (2.1) と (2.2)，あるいは式 (2.3) を Streeter-Phelps の式という。

$t = 0$ での BOD を L_0 とすると t 日後の BOD L は，式 (2.1) より

$$L = L_0 e^{-K_1 t}$$

となる。これを式 (2.3) に代入すると，

$$\frac{dD}{dt} + K_2 D = K_1 L_0 e^{-K_1 t}$$

となる。この式は次の式に変形される。

$$\frac{d}{dt}\left(e^{K_2 t} D\right) = K_1 L_0 e^{(K_2 - K_1) t}$$

2.2. 湖沼および沿岸海域の富栄養化

この式より $K_1 \neq K_2$ ならば

$$D = \frac{K_1 L_0}{K_2 - K_1}\left(e^{-K_1 t} - e^{-K_2 t}\right) + D_0 e^{-K_2 t}$$

となる。一方 $D_0 = O_s - O_0$ ならば

$$O = O_s - \frac{K_1 L_0}{K_2 - K_1} e^{-K_1 t} + \left\{\frac{K_1 L_0}{K_2 - K_1} - (O_s - O_0)\right\} e^{-K_2 t}$$

この解が表す曲線を溶存酸素垂下曲線という。

溶存酸素垂下曲線は，初期の DO 低下があったとしても，流下に伴い再曝気によってやがて飽和値に回復することを示している。このとき溶存酸素の最小値が重要となる。河川の自浄作用が好気的に機能するには，溶存酸素は常にある一定の値（一般に 4 [ml/l] であるといわれる）以上で維持されなければならない。溶存酸素が最小値をとるときの最大酸素飽和不足量 D_c とその時の t の値 t_c は

$$\frac{dD}{dt} = 0$$

とおくことによって求めることができる。

練習問題 13

$$D_c = \frac{K_1 L_0}{K_2} e^{-K_1 t_c}, \quad t_c = \frac{1}{K_2 - K_1} \log\left\{\frac{K_2}{K_1}\left[1 - D_0 \frac{K_2 - K_1}{K_1 L_0}\right]\right\}$$

となることを示しなさい。

練習問題 14 また，不等式

$$\frac{K_2}{K_1} < \frac{L_0}{O_s - O_0}$$

が成り立つとき，$t = 0$ で

$$\frac{dO}{dt} < 0$$

となることを示しなさい。ただし，L_0 と O_0 は正の定数で，$O_0 < O_s$ とする。

2.2 湖沼および沿岸海域の富栄養化

2.2.1 植物プランクトンと栄養塩

一般に，二酸化炭素，一酸化炭素，炭酸塩を除く炭素化合物を有機物と呼び，有機物以外の物質を無機物という。植物の成長に必要な無機元素及び，それらの化合物を栄養塩と

呼び，窒素 (N), リン (P) 等の化合物が湖沼や沿岸海域の代表的な栄養塩類である。窒素，リン等は有機態と無機態に分類され，さらに，溶存態（1 μm 程度の口径のフィルターを通過）と粒子体（フィルターを通過しない）に分類される。植物プランクトンが直接摂取できるのは，主に溶存無機体の窒素及びリンである。植物プランクトンは光合成により有機物を合成する。この化学反応は，植物に含まれる色素の働きによって促進される。光合成を行う生物中にはクロロフィル（葉緑素）と呼ばれる緑色色素が存在する。クロロフィルの中でもクロロフィル a ($C_{55}H_{72}MgN_4O_5$) とよばれる分子は藻類に共通に存在し，光合成では主要な色素であることから，藻類を代表する量としてクロロフィル a が用いられることが多い。一方，一般の湖沼では，全リン濃度とクロロフィル a に良い相関がある。このことは，富栄養化に関しては，リンが主要な因子であることを示している。表 2.2 に示すように，全リン濃度は湖沼の水質の基準として用いられる。

2.2.2 Vollenweider のモデル

リンの負荷量と湖水の全リン濃度に関する解析は Vollenweider によって初めてなされた。その解析方法を示す。V_0 を湖の体積 [m³], A_0 を表面積 [m²], H_0 を平均水深 [m], Q_0 を河川から流入する水の流量 [m³/年], C_0 を河川水の全リン濃度 [g/m³], C 湖水の全リン濃度 [g/m³], t を時間 [年] とする。さらに，w_0 を全リンの見かけの沈降速度 [m/年]，すなわち，単位面積，単位時間あたり $w_0 C$ の量の全リンが湖水より除去される。湖水全体の全リンの変化速度は，単位時間当たりの流入量，流出量，及び，沈降による除去量の差で表されるので，

$$V_0 \frac{dC}{dt} = Q_0 C_0 - Q_0 C - w_0 A_0 C \tag{2.4}$$

となる [12, 6, 1]。

例題 8 $C(t)$ を，初期条件 $C(0) = C_I$ を満たす微分方程式 *(2.4)* の解とする。このとき次の問題 *1)* と *2)* に答えなさい。

 1) 解 $C(t)$ を $t, C_I, Q_0, A_0, w_0, V_0, C_0$ の式で表しなさい。また，

$$\lim_{t \to \infty} C(t) = C_\infty$$

となる C_∞ を Q_0, A_0, w_0, V_0, C_0 の式で表しなさい。

 2) 単位時間単位面積当たりの負荷量 L_0，平均水深 H_0，滞留時間 τ を式

$$L_0 = \frac{Q_0 C_0}{A_0}, \quad H_0 = \frac{V_0}{A_0}, \quad \tau = \frac{V_0}{Q_0}$$

で定義する。このとき L_0 と H_0 が一定ならば，τ が大きいほど C_∞ が大きいことを示しなさい。また，L_0 と τ が一定ならば H_0 が小さいほど C_∞ が大きいことを示しなさい。

2.2. 湖沼および沿岸海域の富栄養化

表 2.2: 湖沼（天然湖及び貯水量が1,000万立方メートル以上であり，かつ，水の滞留時間が4日間以上である人口湖）の水質基準 (環境省：生活環境の保全に関する環境基準より抜粋)

	利用目的の適応性	水素イオン濃度(pH)	化学的酸素要求量(COD)	浮遊物質量(SS)	溶存酸素量(DO)	大腸菌群数
AA	水道1級 水産1級 自然環境保全 及びA以下の欄に掲げるもの	6.5以上 8.5以下	1 mg/l 以下	1 mg/l 以下	7.5 mg/l 以上	50MPN/100ml 以下
A	水道2,3級 水産2級 水浴 及びB以下の欄に掲げるもの	6.5以上 8.5以下	3 mg/l 以下	5 mg/l 以下	7.5 mg/l 以上	1,000MPN/100ml 以下
B	水道3級 工業用水1級 農業用水 及びCの欄に掲げるもの	6.5以上 8.5以下	5 mg/l 以下	15 mg/l 以下	5 mg/l 以上	
C	工業用水2級 環境保全	6.0以上 8.5以下	8 mg/l 以下	ごみ等の浮遊が認められないこと	2 mg/l 以上	

	利用目的の適応性	基準値 全窒素	基準値 全燐
I	自然環境保全及びII以下の欄に掲げるもの	0.1 mg/l 以下	0.005 mg/l 以下
II	水道1,2,3級（特殊なものを除く） 水産1種 水浴及びIII以下の欄に掲げるもの	0.2 mg/l 以下	0.01 mg/l 以下
III	水道3級（特殊なもの） 及びIV以下の欄に掲げるもの	0.4 mg/l 以下	0.03 mg/l 以下
IV	水産2種及びVの欄に掲げるもの	0.6 mg/l 以下	0.05 mg/l 以下
II	水産3種 工業用水 農業用水 環境保全	1 mg/l 以下	0.1 mg/l 以下

例題 8 の解答

1) 微分方程式 (2.4) は次の式に変形できる。

$$\frac{dC}{dt} = -\frac{Q_0 + w_0 A_0}{V_0}\left(C - \frac{Q_0 C_0}{Q_0 + w_0 A_0}\right)$$

$$\alpha = \frac{Q_0 + w_0 A_0}{V_0}$$

とすると 1) の微分方程式は

$$\frac{dC}{dt} = -\alpha\left(C - \frac{Q_0 C_0}{Q_0 + w_0 A_0}\right)$$

となる。初期条件 $C(0) = C_I$ を満たす，この微分方程式の解は

$$C(t) = \frac{Q_0 C_0}{Q_0 + w_0 A_0} + \left(C_I - \frac{Q_0 C_0}{Q_0 + w_0 A_0}\right) e^{-\alpha t}$$

である。したがって

$$\lim_{t \to \infty} C(t) = \frac{Q_0 C_0}{Q_0 + w_0 A_0}$$

より

$$C_\infty = \frac{Q_0 C_0}{Q_0 + w_0 A_0}$$

となる。

2) C_∞ は

$$C_\infty = \frac{Q_0 C_0}{Q_0 + w_0 A_0} = \frac{\frac{Q_0 C_0}{A_0}}{\frac{Q_0}{A_0} + w_0} = \frac{\frac{Q_0 C_0}{A_0}}{\frac{V_0}{A_0}\frac{V_0}{Q_0}} + w_0 = \frac{L_0}{\frac{H_0}{\tau} + w_0}$$

と変形できるので，L_0 と H_0 が一定ならば，τ が大きいほど C_∞ は大きい。また，L_0 と τ が一定ならば，H_0 が小さいほど C_∞ は大きい。

2.3 熱放射と気候

2.3.1 地球大気について

地球大気はほとんど窒素と酸素からなる。通常の大気は水蒸気を 0.1 % ～2.8 %程度含んでいて，これを湿潤空気という。また水蒸気を含んだ通常の大気から水蒸気を除いたものを乾燥空気というが，この乾燥空気の組成は，体積比で窒素 (N_2) 78.1 %，酸素 (O_2) 20.9 %，アルゴン (Ar) 0.9 %，二酸化炭素 (CO_2) 0.04 %である。気温の単位にはセ氏 (Celsius, centigrade) とカ氏 (Fahrenheit) が用いられる。セ氏 t ℃とカ氏 τ °F の関係は式

$$t = \frac{5}{9}(\tau - 32)$$

で表される。温度の単位には絶対温度 (Kelvin) も用いられる。絶対温度 T K とセ氏 t ℃の関係は式

$$T = 273.16 + t$$

で表される。理想気体は 0 K で，その体積が 0 となる。

2.3. 熱放射と気候

地球大気が存在する地上約 1000 km までの領域を大気圏という。大気圏は対流圏 (高度 10 km 程度まで), 成層圏 (高度 10 〜 50 km 程度), 中間圏 (高度 50 〜 80 km 程度), 熱圏 (高度 80 km 程度より上空) に分けられる。大気分子のほとんどは対流圏にある。対流圏では日射によって暖められた地面付近の空気が上昇し, 上空で赤外放射によって冷やされ下降するという対流現象が起こっている。対流圏の厚さは極付近で 8 km, 赤道付近で 18 km 程度である。対流圏内では 1 km 上昇すると気温は約 6.5 ℃下がる。成層圏下部では気温はほぼ一定であるが, 中上部ではオゾンの紫外線吸収により気温は高さとともに上昇し, 成層圏界面では 0 ℃程度に達する。中間圏では, 気温は高さとともに減少し, 中間圏界面では −90 ℃程度になる。熱圏には大気分子はほとんど存在しないが, 気温は高さとともに上昇し, 高度 300 km を超えると 1200 ℃程度の一定値となる。

地球表面の平均温度は, 太陽からの日射エネルギーにより, 約 15 ℃に保たれている。太陽から地球に入射する放射エネルギーは約 1370 W/m^2 であり, これを太陽定数と呼び, S で表す。球の表面積は断面積の 4 倍なので, 地球表面の 1 m^2 当たりの平均日射エネルギーは大気圏外で太陽定数の 1/4 であり, 約 343 W/m^2 のはずである。しかし, このうち 106 W/m^2 は大気, 雲, 地表面により散乱され, 熱エネルギーに変換されずに宇宙に戻る。残りのうち 68 W/m^2 が大気によって吸収され, 大気を暖め, 169 W/m^2 は地表面によって吸収され, 地球表面を暖める。一方, 地球表面からは, 赤外線の形で約 390 W/m^2 のエネルギーが上方に放射される。さらに, 地球表面は大気からも赤外線の形でエネルギーを受ける (237 W/m^2)。また, 顕熱輸送, 潜熱輸送によっても地表面から大気に熱エネルギーが戻される (106 W/m^2)。このように大気と地球表面間でエネルギーを放出, 吸収できるのは大気の赤外線吸収能力, すなわち温室効果による。

2.3.2 太陽放射と Stefan-Bolzmann の法則

入射するあらゆる波長の光をすべて吸収するという理想的物体を黒体という。黒体は, 同じ温度では他のどんな物体よりも多くの光を出すことができる。また, 黒体から放射される熱放射を黒体放射という。Stefan-Bolzmann の法則によると黒体放射は, 黒体の温度の 4 乗に比例する。絶対温度 T [K] の黒体の表面の単位面積 (1 [m^2]) から, 単位時間 (1 [s]) に放射されるエネルギー E [W/m^2] は T の 4 乗に比例する:

$$E = \sigma T^4$$

比例定数 σ は Stefan-Bolzmann の定数と呼ばれ,

$$\sigma = 5.67051 \times 10^{-8} \quad [\text{W}/(\text{m}^2\text{K}^4)]$$

であることが知られている。

地球は黒体であると仮定して, その温度を推定する。地球と太陽の平均距離

$$1.49597870 \times 10^{11} \quad [\text{m}]$$

を 1 天文単位という。太陽から 1 天文単位の距離で，太陽光線に垂直な単位面積の面が受ける日射エネルギー S を太陽定数という。測定によると，太陽定数は 1367 ± 2 [W/m^2] = 1.96 [cal/(cm^2·min) である。地球の放射収支に関与する基本的なエネルギー量は入射量，反射量，放射量であると想定する。地球に入射する太陽放射量は，地球の断面積と太陽定数の積：

$$\pi R^2 S \quad [\text{W}]$$

である。ただし，R は地球の半径である ($R = 6371 \times 10^3$ [m])。反射量には，雲や地表面による反射の他に空気分子等による散乱も含まれる。入射量に対する反射率 A を Albedo という。現在地球の反射率は約 0.3 である。入射量と反射率の積

$$\pi R^2 S A \quad [\text{W}]$$

が反射量となる。したがって地球が受ける全エネルギー量は

$$\pi R^2 S - \pi R^2 S A = \pi R^2 \left(1 - A\right) S \quad [\text{W}]$$

であり，これを地球の表面積 $4\pi R^2$ で割った

$$\frac{(1-A)S}{4}$$

が単位面積当たりの入射量となる。

一方，地球の温度を T [K] とすると，Stefan-Bolzmann の法則により，地球表面からは単位面積あたり σT^4 [W/m^2] の放射量があるので，これに地球の表面積 $4\pi R^2$ をかけた

$$4\pi R^2 \sigma T^4 \quad [\text{W}]$$

が地球からの全エネルギー放射量となる。

地球表面と地球大気からなる地球－大気系の平均温度を T，この系によって吸収される単位面積当たりの太陽放射量を $R_i(T)$，また系から宇宙空間に放射される赤外放射量を $R_o(T)$ とする。このとき系の単位面積当たりの熱容量を C とすると次の式が成り立つ。

$$C \frac{dT}{dt} = R_i(T) - R_o(T) \tag{2.5}$$

前述の入射量と放射量の場合

$$R_i(T) = \frac{S(1-A)}{4} \tag{2.6}$$

$$R_o(T) = \sigma T^4$$

2.3. 熱放射と気候

となる。この系が平衡状態にあるとき，すなわち

$$R_i(T) - R_o(T) = 0$$

が成り立つとき，この式を T について解くと

$$T = \left[\frac{S(1-A)}{4\sigma}\right]^{\frac{1}{4}} \quad [K] \tag{2.7}$$

となる。

練習問題 15 $S = 1367[W/m^2]$, $A = 0.3$, $\sigma = 5.67051 \times 10^{-8}$ $[W/(m^2 K^4)]$ として式 (2.7) より地球の温度を求めなさい。

練習問題 16 微分方程式 (2.5) の任意の解は，平衡点 (2.7) に近づくことを示しなさい。

2.3.3 地球大気の温室効果と気候の多重性

短波放射の大部分は大気層を通過するが，長波放射は大気中の水蒸気や二酸化炭素によってよく吸収される。そこで，地球表面の温度と大気層の温度を区別して，それぞれの温度を推定してみよう。T_a [K] を大気層の代表的温度，T_g を地球表面の温度とする。大気層の厚さを無視すると，大気層の上端では地球の温度を求めたときのように

$$C_a \frac{dT_a}{dt} = \sigma T_g^4 - 2\sigma T_a^4 \tag{2.8}$$

となる。一方，大気層内では長波放射の吸収と地球表面と宇宙空間への放射を想定すると

$$C_g \frac{dT_g}{dt} = \frac{(1-A)S}{4} + \sigma T_a^4 - \sigma T_g^4 \tag{2.9}$$

となる。ただし C_a と C_g は，それぞれ地球表面と大気層の単位面積当たりの熱容量とする。

練習問題 17 式 (2.8) と式 (2.9) が成り立つ理由を説明しなさい。$S = 1367[W/m^2]$, $A = 0.3$, $\sigma = 5.67051 \times 10^{-8}$ $[W/(m^2 K^4)]$ として式 (2.8) と式 (2.9) より地球表面と大気層の平衡温度を求めなさい。また，その安定性を求めなさい。

地球が受ける単位面積当たりの太陽放射量は式 (2.6) で表される。ただし A を反射率とする。反射率 A は，雲あるいは雪氷や植生等地表の状態が反映することから，温度 T に依存するものと考えられる。温度が十分低いとき全休が雪氷に覆われ，反射率は高くなる。一方温度が十分高いと雪氷は消失し，反射率は低くなる。そこで反射率は温度の区分的一次関数であるとする。ここでは特に次の式で表されるものとする。

$$A(T) = \begin{cases} 0.7 & (T < 230 \text{ K}) \\ 0.7 + (0.3 - 0.7) \times \frac{T-230}{270-230} & (230 \text{ K} \leq T < 270 \text{ K}) \\ 0.3 & (270 \text{ K} \leq T) \end{cases} \tag{2.10}$$

一方，黒体放射の場合 $R_0(T) = \sigma T^4$ であるが，観測結果にもとづく次の1次関数を考慮する。

$$R_0(T) = a + bT \tag{2.11}$$

とする。ただし $a = -363 \text{ Wm}^{-2}$, $b = 2.1 \text{ Wm}^{-2}K^{-1}$ とする。(2.6) と (2.10) を代入すると，式 (2.5) は

$$C\frac{dT}{dt} = \alpha T + \beta \tag{2.12}$$

となる。ただし

$$\alpha = \begin{cases} -b & (T < 230 \text{ K}) \\ -b + \frac{S}{400} & (230 \text{ K} \leq T < 270 \text{ K}) \\ -b & (270 \text{ K} \leq T) \end{cases} \quad \beta = \begin{cases} 0.075S - a & (T < 230 \text{ K}) \\ -\frac{S}{2} - a & (230 \text{ K} \leq T < 270 \text{ K}) \\ 0.175S - a & (270 \text{ K} \leq T) \end{cases}$$

とする。

練習問題 18 式 *(2.12)* に対しては，不等式 $T_1 < T_2 < T_3$ を満たす三つの定常解 T_1, T_2, T_3 が存在する。また T_1 と T_3 は安定な定常解，T_2 は不安定な定常解であることを示しなさい。さらに，微分方程式 *2.12* の解を求め，その極限値について考察しなさい。

第3章 変分問題の理論と応用

関数に実数を対応させる規則は，一般に汎関数と呼ばれる。第3章では，ある特定の汎関数が最小値をとる関数は，Euler-Lagrangeの方程式と呼ばれる微分方程式の解であることを示す。また，Euler-Lagrangeの方程式に関する結果を利用し，特定の性質を備える曲線に関する問題について考察する。

3.1 基本問題とその解

3.1.1 基本問題と Euler-Lagrange の方程式

境界条件

$$y(a) = A, \quad y(b) = B \tag{3.1}$$

を満たす関数 $y(x)$ の中で

$$J(y) = \int_a^b F(x, y, y') \, dx \tag{3.2}$$

を最小あるいは最大にするものを求める問題について考察する。この $J(y)$ のように，関数に実数を対応させる関数を汎関数と呼ぶ。また，ある集合の中で汎関数に最小値あるいは最大値を与える関数は，その汎関数に極値を与えるといい，汎関数の極値を求める問題を変分問題という。特に，前述の問題は，変分問題の基本問題と呼ばれる。

この変分問題の解を求めるため，次の関数を定義する。

$$f(\epsilon) = J(y + \epsilon h) = \int_a^b F(x, y + \epsilon h, y' + \epsilon h') \, dx \tag{3.3}$$

ただし $h(x)$ は境界条件

$$h(a) = 0, \quad h(b) = 0 \tag{3.4}$$

を満たす任意の関数とする。境界条件 (3.1), (3.4) より，$y + \epsilon h$ は境界条件 (3.1) を満たすので，$y(x)$ が汎関数 $J(y)$ に極値を与えるならば，関数 $f(\epsilon)$ は $\epsilon = 0$ で極値をとる。従って $f'(0) = 0$ となる。一方，

$$f'(\epsilon) = \int_a^b \left\{ F_y(x, y + \epsilon h, y' + \epsilon h') h + F_{y'}(x, y + \epsilon h, y' + \epsilon h') h' \right\} dx$$

となるので

$$f'(0) = \int_a^b \left\{ F_y(x, y, y') h + F_{y'}(x, y, y') h' \right\} dx \qquad (3.5)$$

が成り立つ。そこで部分積分法と境界条件 (3.4) により

$$\begin{aligned}\int_a^b F_{y'}(x, y, y') h' \, dx &= \left[F_{y'}(x, y, y') h \right]_a^b - \int_a^b \frac{d}{dx} F_{y'}(x, y, y') h \, dx \\ &= -\int_a^b \frac{d}{dx} F_{y'}(x, y, y') h \, dx \end{aligned} \qquad (3.6)$$

となるので，式 (3.5) は

$$f'(0) = \int_a^b \left\{ F_y(x, y, y') - \frac{d}{dx} F_{y'}(x, y, y') \right\} h \, dx \qquad (3.7)$$

と変形される。従って $y = y(x)$ が汎関数 $J(y)$ に極値を与えるならば，境界条件 (3.4) を満たす任意の関数 $h(x)$ に対して

$$\int_a^b \left\{ F_y(x, y, y') - \frac{d}{dx} F_{y'}(x, y, y') \right\} h \, dx = 0$$

となる。一方，この式が境界条件 (3.4) を満たす任意の関数 $h(x)$ に対して成立するための必要条件は

$$F_y - \frac{d}{dx} F_{y'} = 0 \qquad (3.8)$$

である。2 階微分方程式 (3.8) を Euler-Lagrange の方程式という。以上の結果を定理 11 にまとめる。

定理 11 関数 $F(x, y, y')$ の連続な 2 階偏導関数が存在し，境界条件

$$y(a) = A, \quad y(b) = B$$

を満たす連続な 2 階導関数を持つ関数の集合の中で，$y(x)$ が汎関数

$$J(y) = \int_a^b F(x, y, y') \, dx$$

に極値を与えるならば，$y(x)$ は Euler-Lagrange の方程式

$$F_y - \frac{d}{dx} F_{y'} = 0 \qquad (3.9)$$

の解である。

3.1.2　Euler-Lagrangeの方程式から派生する1階微分方程式

　一般に Euler-Lagrange の方程式は2階の微分方程式であるが，関数 F が x に依存しない場合や y に依存しない場合は1階の微分方程式に変換することができる。関数 F が y に依存しない場合，すなわち $F(x, y')$ である場合，Euler-Lagrange の方程式 (3.9) は

$$\frac{d}{dx} F_{y'} = 0$$

となる。この式は，y を未知変数とする1階の微分方程式

$$F_{y'} = c$$

となる。ただし c を任意の定数とする。以上の結果を定理12にまとめる。

定理 12 関数 $F(x, y')$ の連続な2階偏導関数が存在し，境界条件

$$y(a) = A, \quad y(b) = B$$

を満たす連続な2階導関数を持つ関数の集合の中で，$y(x)$ が汎関数

$$J(y) = \int_a^b F(x, y') \, dx$$

に極値を与えるならば，$y(x)$ は一階微分方程式

$$F_{y'} = c$$

の解である。ただし c を任意の定数とする。

　Euler-Lagrange方程式の左辺を展開すると

$$F_y - \frac{d}{dx} F_{y'} = F_y - F_{y'x} - F_{y'y} y' - F_{y'y'} y''$$

F が x に依存しないとき，すなわち $F(y, y')$ であるとする。このとき，この式の右辺第2項は0であり，右辺に y' をかけると

$$F_y y' - F_{y'y} (y')^2 - F_{y'y'} y'' y' = \frac{d}{dx} (F - y' F_{y'})$$

となる。従って Euler-Lagrange の方程式は次の1階の微分方程式に変換できる。

$$F - y' F_{y'} = c$$

ただし c を任意の定数とする。以上の結果を定理13にまとめる。

定理 13 関数 $F(y, y')$ の連続な 2 階偏導関数が存在し，境界条件

$$y(a) = A, \quad y(b) = B$$

を満たす 2 回連続微分可能な関数の集合の中で，$y(x)$ が汎関数

$$J(y) = \int_a^b F(y, y') \, dx$$

に極値を与えるならば，$y = y(x)$ は一階微分方程式

$$F - y' F_{y'} = c$$

の解である．ただし c を定数とする．

練習問題 19 2 点 $(a, A), (b, B)$ を結ぶ曲線 $y = y(x)$ の中で，その長さが最小のものを求めなさい．

例題 9 2 点 $(a, A), (b, B)$ を結ぶ曲線 $y = y(x)$ の中で x 軸の回りを回転させてできる回転体の表面積を最小にするものが解となる微分方程式を求めなさい．

例題 9 の解答 回転体の表面積 S は，式

$$S = 2\pi \int_a^b y\sqrt{1 + (y')^2} \, dx$$

で与えられる．この S を最小にする関数 $y(x)$ は，汎関数

$$J(y) = \int_a^b F(y, y') \, dx$$

に極値を与える．ただし

$$F(y, y') = y\sqrt{1 + (y')^2}$$

とする．このとき定理 13 より，$y(x)$ は一階微分方程式

$$F - y' F_{y'} = y\sqrt{1 + (y')^2} - \frac{y(y')^2}{\sqrt{1 + (y')^2}} = \frac{y}{\sqrt{1 + (y')^2}} = c$$

の解となる．ただし c を任意の定数とする．したがって回転体の表面積を最小にするものが解となる微分方程式は

$$\frac{dy}{dx} = \frac{\sqrt{y^2 - c^2}}{c} \tag{3.10}$$

となる．

練習問題 20 微分方程式 (3.10) の一般解は

$$y = c \cosh \frac{x + d}{c}$$

であることを示しなさい．ただし d を任意の定数とする．

3.1. 基本問題とその解

3.1.3 変分問題と曲面上の曲線

曲面上のみちのりと測地線

関数 $f(x, y)$ が与えられたとき，そのグラフ

$$z = f(x, y)$$

は x, y, z 空間の曲面を表す。一方，曲面は，パラメータ u, v を用いて

$$x = f(u, v), \quad y = g(u, v), \quad z = h(u, v) \tag{3.11}$$

と表すことができる。u, v 平面上の曲線が

$$u = \alpha(s), \quad v = \beta(s)$$

で表されているとき

$$x = f(\alpha(s), \beta(s)), \quad y = g(\alpha(s), \beta(s)), \quad z = h(\alpha(s), \beta(s)), \quad s_0 \leq s \leq s_1 \tag{3.12}$$

は曲面 (3.11) 上の曲線を表す。

一般に，曲線

$$x = \alpha(s), \quad y = \beta(s), \quad z = \gamma(s), \quad s_0 \leq s \leq s_1$$

の長さは積分

$$\int_{s_0}^{s_1} \sqrt{\left(\frac{dx}{ds}\right)^2 + \left(\frac{dy}{ds}\right)^2 + \left(\frac{dz}{ds}\right)^2} \, ds$$

で与えられる。したがって曲線 (3.12) の長さは，

$$\int_{s_0}^{s_1} \sqrt{E\left(\frac{du}{ds}\right)^2 + 2F\frac{du}{ds}\frac{dv}{ds} + G\left(\frac{dv}{ds}\right)^2} \, ds \tag{3.13}$$

となる。ただし

$$\begin{aligned}
E &= \left(\frac{\partial x}{\partial u}\right)^2 + \left(\frac{\partial y}{\partial u}\right)^2 + \left(\frac{\partial z}{\partial u}\right)^2 \\
F &= \frac{\partial x}{\partial u}\frac{\partial x}{\partial v} + \frac{\partial y}{\partial u}\frac{\partial y}{\partial v} + \frac{\partial z}{\partial u}\frac{\partial z}{\partial v} \\
G &= \left(\frac{\partial x}{\partial v}\right)^2 + \left(\frac{\partial y}{\partial v}\right)^2 + \left(\frac{\partial z}{\partial v}\right)^2
\end{aligned} \tag{3.14}$$

とする。この積分を最小にする曲線は，(3.11) の測地線 (geodesics) と呼ばれる。

球の測地線と大円

半径 R の球の表面は

$$x = R\cos v \sin u, \quad y = R\sin v \sin u, \quad z = R\cos u, \quad 0 \leq v \leq 2\pi, \quad 0 \leq u \leq \pi$$

で表される。このとき $E = R^2$, $F = 0$, $G = R^2 \sin u^2$ より，球の測地線は積分

$$R \int_{s_0}^{s_1} \sqrt{\left(\frac{du}{ds}\right)^2 + \sin^2 u \left(\frac{dv}{ds}\right)^2}\, ds$$

に極値を与えるものとなる。特に $s = u$ のとき測地線は汎関数

$$J(v) = \int_{u_0}^{u_1} \sqrt{1 + (v')^2 \sin^2 u}\, ds$$

に極値を与える。したがって定理 12 より，測地線 $v(u)$ は微分方程式

$$\frac{v' \sin^2 u}{\sqrt{1 + (v')^2 \sin^2 u}} = c \tag{3.15}$$

の解である。ただし c を任意の定数とする。

例題 10 微分方程式 *(3.15)* の解は，式

$$\sqrt{1 - c^2} \sin(v - d) = c \cot u \tag{3.16}$$

で表されることを示しなさい。ただし d を任意の定数とする。

例題 10 の解答

$$v' = \pm \frac{c}{\sin u \sqrt{\sin^2 u - c^2}}$$

より

$$\int dv = \pm \int \frac{c}{\sin u \sqrt{\sin^2 u - c^2}}\, du \tag{3.17}$$

となる。ここで

$$t = \cot u = \frac{1}{\tan u}$$

とすると

$$t^2 + 1 = \csc^2 u = \frac{1}{\sin^2 u} \tag{3.18}$$

3.1. 基本問題とその解

が成り立ち，また
$$dt = -\csc^2 u \, du$$
あるいは
$$du = -\sin^2 u = -\frac{1}{1+t^2} dt \tag{3.19}$$
が成り立つ．式 (3.18) と (3.19) を式 (3.17) の右辺の積分に代入すると
$$\int \frac{c}{\sin u \sqrt{\sin^2 u - c^2}} du = \mp \int \frac{dt}{\sqrt{\frac{1-c^2}{c^2} - t^2}} = \mp \arcsin \frac{t}{a} + d \quad \left(a = \sqrt{\frac{1-c^2}{c^2}} \right)$$
となる．この式より式 (3.16) が導かれる．

例題 11 式 *(3.16)* は原点をとおる平面を表すことを示しなさい．

例題 11 の解答 式 (3.16) より
$$\sin d\sqrt{1-c^2} \cos v \sin u - \cos d\sqrt{1-c^2} \sin v \sin u + c \cos u = 0 \tag{3.20}$$
となる．一方半径 R の球の表面上の点 (x, y, z) は
$$x = R\cos v \sin u, \quad y = R\sin v \sin u, \quad z = R\cos u, \quad 0 \leq v \leq 2\pi, \quad 0 \leq u \leq \pi$$
で表されるので式 (3.20) は
$$\sin d\sqrt{1-c^2}\, x - \cos d\sqrt{1-c^2}\, y + cz = 0 \tag{3.21}$$
となる．したがって式 (3.20) で表される球面上の点は，式 (3.21) で表される原点を通る平面上の点でもあることを示している．球面上の 2 点と，その中心の 3 点を通る平面と球の交線を大円という．練習問題 11 は，球の測地線は大円であることを示している．

練習問題 21 曲面 S は，式
$$x = a\cos v \sin u, \quad y = a\sin v \sin u, \quad z = b\cos u, \quad 0 \leq u \leq \pi, \quad 0 \leq v \leq 2\pi$$
で表されるものとする．ただし，a と b は正の定数とする．次の問題 *1)* と *2)* に答えなさい．

1) 式 *(3.14)* で定義される E, F, G を求めなさい．

2) 条件
$$v(u_0) = v_0, \quad v(u_1) = v_1$$
を満たす関数 $v(u)$ の中で汎関数
$$J(v) = \int_{u_0}^{u_1} \sqrt{E + 2Fv' + G(v')^2}\, du$$
を最小にするものが満たす微分方程式を求めなさい．

練習問題 22 曲面 S は，式

$$x = a\cos v, \quad y = a\sin v, \quad z = u, \quad 0 \leq u \leq b, \quad 0 \leq v \leq 2\pi$$

で表されるものとする。ただし，a と b は正の定数とする。次の問題 *1)* と *2)* に答えなさい。

1) 式 *(3.14)* で定義される E, F, G を求めなさい。

2) 条件

$$v(u_0) = v_0, \quad v(u_1) = v_1$$

を満たす関数 $v(u)$ の中で汎関数

$$J(v) = \int_{u_0}^{u_1} \sqrt{E + 2Fv' + G(v')^2}\, du$$

を最小にするものが満たす微分方程式を求めなさい。また，その解を u_0, v_0, u_1, v_1 の式で表しなさい。

3.1.4 変動端と自然境界条件

境界条件

$$y(a) = A \tag{3.22}$$

を満たす関数 $y(x)$ の中で，積分

$$J(y) = \int_a^b F(x, y, y')\, dx$$

を最小あるいは最大にするものを求める問題について考察する。点 b で関数 y の値が指定されていないのが，この問題が基本問題と違う点である。この変分問題の解を求めるため，関数 $f(\epsilon)$ を式 (3.3) で定義する。ただし $h(x)$ は境界条件

$$h(a) = 0 \tag{3.23}$$

を満たす任意の関数とする。境界条件 (3.22)，(3.23) より，$y + \epsilon h$ は境界条件 (3.22) を満たすので，$y(x)$ が汎関数 $J(y)$ に極値を与えるならば，関数 $f(\epsilon)$ は $\epsilon = 0$ 極値をとる。従って $f'(0) = 0$ となる。

一方，境界条件 (3.1) と式 (3.5), (3.6) より，式 (3.7) が導かれるのと同様，境界条件 (3.22) と式 (3.5), (3.6) より，式 (3.5) は

$$f'(0) = F_y(b, y(b), y'(b))\, h(b) + \int_a^b \left\{ F_y(x, y, y') - \frac{d}{dx} F_{y'}(x, y, y') \right\} h\, dx$$

3.1. 基本問題とその解

となる。したがって $y(x)$ が汎関数 $J(y)$ に極値を与えるならば，境界条件 (3.22) を満たす任意の関数 $h(x)$ に対して

$$F_y\left(b, y(b), y'(b)\right) h(b) + \int_a^b \left\{ F_y\left(x, y, y'\right) - \frac{d}{dx} F_{y'}\left(x, y, y'\right) \right\} h\, dx = 0 \qquad (3.24)$$

が成り立つ。一方，この式が境界条件 (3.23) を満たす任意の関数 $h(x)$ に対して成り立つならば，$h(b) = 0$ となる場合にも成り立つので，Euler-Lagrange の方程式 (3.8) が成立する。このとき式 (3.24) は

$$F_y\left(b, y(b), y'(b)\right) h(b) = 0$$

となり，この式が境界条件 (3.23) を満たす任意の関数 $h(x)$ に対して成り立つので

$$F_y\left(b, y(b), y'(b)\right) = 0$$

となる。この条件を自然境界条件と呼ぶ。以上の結果を定理 14 にまとめる。

定理 14 関数 $F(x, y, y')$ の連続な 2 階偏導関数が存在し，境界条件

$$y(a) = A$$

を満たす 2 回連続微分可能な関数の集合の中で，$y(x)$ が汎関数

$$J(y) = \int_a^b F\left(x, y, y'\right) dx$$

に極値を与えるならば，$y(x)$ は Euler-Lagrange の方程式

$$F_y - \frac{d}{dx} F_{y'} = 0$$

の解であり，自然境界条件

$$F_y\left(b, y(b), y'(b)\right) = 0$$

を満たす。

3.1.5 補助的条件付きの変分問題

境界条件

$$y(a) = A, \quad y(b) = B \qquad (3.25)$$

と補助的条件

$$K(y) = \int_a^b G\left(x, y, y'\right) dx = l \qquad (3.26)$$

を満たす関数 $y(x)$ の中で，汎関数

$$J(y) = \int_a^b F(x, y, y') \, dx \tag{3.27}$$

を最小あるいは最大にするものを求める問題について考察する。この問題の例として，二つの点を結ぶ長さが一定の曲線の中で，二点を結ぶ直線とともに囲む領域の面積を最大にするものを求める問題がある。そのため，この補助的条件付き変分問題は，等周問題とも呼ばれる。

等周問題を解くため境界条件 (3.4) を満たす任意の二つの関数 $h_1(x)$ と $h_2(x)$ に対して

$$f(\epsilon_1, \epsilon_2) = J(y + \epsilon_1 h_1 + \epsilon_2 h_2), \quad g(\epsilon_1, \epsilon_2) = K(y + \epsilon_1 h_1 + \epsilon_2 h_2)$$

とおく。このとき境界条件 (3.25) と補助的条件 (3.26) を満たす関数の中で，関数 $y(x)$ が汎関数 (3.27) を最小にするならば，条件 $g(\epsilon_1, \epsilon_2) = l$ のもとで，関数 $f(\epsilon_1, \epsilon_2)$ は点 $(\epsilon_1, \epsilon_2) = (0, 0)$ で最小値をとる。このとき Lagrange の乗数法より，点 $(\epsilon_1, \epsilon_2) = (0, 0)$ で

$$\mathbf{grad}\,(f + \lambda g) = \left(\frac{\partial (f + \lambda g)}{\partial \epsilon_1}, \frac{\partial (f + \lambda g)}{\partial \epsilon_2} \right) = \mathbf{0}$$

となる定数 λ が存在する。そこで

$$\frac{\partial (f + \lambda g)}{\partial \epsilon_1} = 0$$

に部分積分を適用することによって，$y(x)$ は汎関数

$$L(y) = \int_a^b \left\{ F(x, y, y') + \lambda G(x, y, y') \right\} dx$$

に対する Euler-Lagrange の方程式の解であるという結論が導かれる。以上の結果を定理 15 にまとめる。

定理 15 関数 $F(x, y, y')$ と $G(x, y, y')$ の連続な2階偏導関数が存在し，境界条件

$$y(a) = A, \quad y(b) = B \tag{3.28}$$

と補助的条件

$$K(y) = \int_a^b G(x, y, y') \, dx = l \tag{3.29}$$

を満たす連続な2階導関数を持つ関数の集合の中で，$y(x)$ は汎関数

$$J(y) = \int_a^b F(x, y, y') \, dx$$

に極値を与えるとする。また，$y(x)$ は汎関数 $K(y)$ に極値を与えるものではないとする。このとき $y(x)$ が汎関数

$$L(y) = \int_a^b \left\{ F(x, y, y') + \lambda G(x, y, y') \right\} dx$$

に極値を与える λ が存在する。すなわち $y(x)$ は，$H = F + \lambda G$ とするときの汎関数

$$L(y) = \int_a^b H(x, y, y') \, dx$$

に極値を与え，Euler-Lagrange の方程式

$$F_y - \frac{d}{dx} F_{y'} + \lambda \left(G_y - \frac{d}{dx} G_{y'} \right) = 0 \tag{3.30}$$

の解である。

2階の微分方程式である Euler-Lagrange の方程式 (3.30) の解には，一般に任意の二つの定数が現れる。この二つの定数と λ は，境界条件 (3.28) と補助的条件 (3.29) により求められる。

3.2 変分問題と地形の形成

3.2.1 河川縦断面形と最速降下線

物体が重力の作用で点 (a, A) 点 (b, B) まで曲線上を移動するときに，物体が移動する時間が最小となる曲線を最速降下線 (Brachistochrone) という。この最速降下線が最小値を与える汎関数を求める。点 (a, A) を $(0, A)$, 点 (b, B) を $(b, 0)$ とする。曲線上の物体の位置 (x, y) を時間 t [s] の関数とみなすと物体の速度の大きさ v は次の式で与えられる。

$$v = \sqrt{\left(\frac{dx}{dt}\right)^2 + \left(\frac{dy}{dt}\right)^2}$$

一方物体の質量を M [kg], 重力加速度を g [m/s^2] とすると，運動エネルギーは

$$\frac{Mv^2}{2}$$

であり，位置エネルギーは

$$Mgy$$

となる。運動エネルギーと位置エネルギーの和は一定であるとすると，

$$\frac{Mv^2}{2} + Mgy = c$$

が成り立つ。ただし c を定数とする。このとき $t=0$ のとき $v=0, y=A$ となるので，$C=MgA$ となる。したがって

$$v = \sqrt{2g(A-y)}$$

となる。一方

$$v = \sqrt{\left(\frac{dx}{dt}\right)^2 + \left(\frac{dy}{dt}\right)^2} = \sqrt{1+(y')^2} \cdot \frac{dx}{dt}$$

より

$$\frac{dx}{dt} = \frac{\sqrt{2g(A-y)}}{\sqrt{1+(y')^2}}$$

となる。したがって物体が原点 $(0,0)$ から (b,B) まで移動するために要する時間を T とすると，

$$T = \int_0^b \frac{dt}{dx}\,dx = \frac{1}{\sqrt{2g}} \int_0^b \frac{\sqrt{1+(y')^2}}{\sqrt{A-y}}\,dx$$

となる。ここで $z=A-y$ とすると

$$T = \int_0^b \frac{dt}{dx}\,dx = \frac{1}{\sqrt{2g}} \int_0^b \frac{\sqrt{1+(z')^2}}{\sqrt{z}}\,dx \tag{3.31}$$

となる。

例題 12

1) 最速降下線を解とする微分方程式を求めなさい。

2) 問題 1) の微分方程式の解を求めなさい。

例題 12 の解答

1) 式 (3.31) より，最速降下線は汎関数

$$J(z) = \int_0^b F(z,z')\,dx = \int_0^b \frac{\sqrt{1+(z')^2}}{\sqrt{z}}\,dx$$

の解であり，したがって微分方程式

$$F - z'F_{z'} = \frac{\sqrt{1+(z')^2}}{\sqrt{z}} - \frac{(z')^2}{\sqrt{z}\sqrt{1+(z')^2}} = \frac{1}{\sqrt{z}\sqrt{1+(z')^2}} = c \tag{3.32}$$

の解である。ただし c を任意の定数とする。

3.2. 変分問題と地形の形成

2) 式 (3.32) より

$$z\left(1+(z')^2\right) = \frac{1}{c^2} = \alpha$$

となり,さらに

$$(z')^2 = \frac{\alpha - z}{z}$$

となる。ここで

$$z = \alpha \sin^2 \frac{\theta}{2} = \frac{\alpha}{2}(1-\cos\theta)$$

とおくと

$$\frac{dz}{dx} = \frac{dz}{d\theta}\frac{d\theta}{dx} = \frac{\alpha}{2}\sin\theta \frac{d\theta}{dx}$$

より

$$\frac{\alpha^2}{4}\sin^2\theta \left(\frac{d\theta}{dx}\right)^2 = \frac{\alpha}{\frac{\alpha}{2}(1-\cos\theta)} - 1 = \frac{1+\cos\theta}{1-\cos\theta} = \frac{1-\cos^2\theta}{(1-\cos\theta)^2} = \frac{\sin^2\theta}{(1-\cos\theta)^2}$$

となる。したがって

$$\frac{\alpha}{2}(1-\cos\theta)\frac{d\theta}{dx} = 1$$

$$\frac{\alpha}{2}(\theta - \sin\theta) = x + \beta$$

となる。このとき $t=0$ ならば $x=0$ なので,$\theta=0$ とすると $\beta=0$ となり最速降下線は

$$x = \frac{\alpha}{2}(\theta-\sin\theta), \quad y = A - \frac{\alpha}{2}(1-\cos\theta)$$

で表される。この曲線はサイクロイドと呼ばれる。

河川縦断面形は,河川水が最も早く流下するものであるとする。このとき任意の 2 点を結ぶ河川縦断面形にそって水が流下するためにかかる時間 T は,v を流速とすると

$$T = \int_a^b \frac{\sqrt{1+\{y'\}^2}}{v}dx \tag{3.33}$$

となる。河床に作用する摩擦は存在しないとすると,y 軸の正の方向を下向きにとると

$$v = \sqrt{2gy} \tag{3.34}$$

となる。境界条件

$$y(a) = A, \quad y(b) = B$$

のもと,河川縦断面形は最速降下線となる。

練習問題 23 定理 14 により，境界条件

$$y(a) = A$$

のもとで，式 (3.33), (3.34) で与えられる流下時間 T を最小にする河川縦断面形 $y(x)$ が，点 b で満たす境界条件を求めなさい．

3.2.2　氷河による侵食と懸垂線

次の例題 13 の解に基づき，氷河による侵食について考察する．

例題 13 単位長さ当たりの質量が一定であり，伸縮性のない長さ l のロープを両端で固定するとき，その平衡状態における形状を関数で表しなさい．

例題 13 の解答 単位長さ当たりのロープの質量を ρ とすると，平衡状態では重心の y 成分

$$\frac{1}{l}\int_a^b y\sqrt{1+(y')^2}$$

が最小になるとする．そこで

$$F(x, y, y') = y\sqrt{1+(y')^2}$$

$$G(x, y, y') = \sqrt{1+(y')^2}$$

として補助的条件付きの変分問題の解を求める．定理 13 と定理 15 により，

$$H = F + \lambda G = (y + \lambda)\sqrt{1+(y')^2}$$

とおくと，$y(x)$ は微分方程式

$$H - y'H_{y'} = (y+\lambda)\sqrt{1+(y')^2} - y'(y+\lambda)\frac{y'}{1+(y')^2} = \frac{y+\lambda}{1+(y')^2} = c$$

の解となる．ただし c を任意の定数とする．したがって例題 9 および練習問題 20 より，

$$y = -\lambda + c\cosh\frac{x+d}{c}$$

となる．ただし d を任意の定数とする．この曲線を懸垂線と呼ぶ．

氷河による侵食に関する問題に，前述の変分問題の方法を適用する．氷河の断面をにおける氷河と谷の接触部分が $y(x)$ で表されるとする．接触部分の長さ δs に対する摩擦力 δf は

$$\delta f = \mu\sigma\,\delta s$$

3.2. 変分問題と地形の形成

であるとする。ただし μ は摩擦係数, σ は壁面の法線応力を表す。したがって点 (a, A) と点 (b, B) 結ぶ曲線 $y(x)$ に対する摩擦力は,積分

$$\int_a^b \mu\sigma\sqrt{1+(y')^2}\,dx$$

で表される。また氷河と谷の接触部分は一定であると仮定すると,

$$l = \int_a^b \sqrt{1+(y')^2}\,dx$$

となる。壁面の法線応力は,氷の厚さに比例すると考えられる。したがって法線応力 σ は次の式で近似できる。

$$\sigma = \rho(y_s - y)$$

ただし,$y = y_s$ を氷河の表面,ρ を比例定数とする。

このとき氷河と谷の接触部分 $y(x)$ は

$$y(a) = A, \quad y(b) = B \tag{3.35}$$

$$K(y) = \int_a^b G(x, y, y')\,dx = l \tag{3.36}$$

の条件のもとで,摩擦力を表す汎関数

$$J(y) = \int_a^b F(x, y, y')\,dx$$

を最小にするものであると仮定する。ただし

$$G(x, y, y') = \sqrt{1+(y')^2}$$

$$F(x, y, y') = (y_s - y)\sqrt{1+(y')^2}$$

とする。

練習問題 24 氷河と谷の接触部分 $y(x)$ を求めなさい。

3.2.3 地すべりと等周問題

次の等周問題の解に基づき,地すべりに関する問題について考察する。

例題 14 2点 $(-a, 0)$, $(a, 0)$ をとおる長さ l の曲線の中で,2点を結ぶ直線とともに囲む領域の面積を最大にするものを求めなさい。

58　　　　　　　　　　　　　　　　　　　　　　　第 3 章　変分問題の理論と応用

例題 14 の解答　境界条件

$$y(-a) = 0, \quad y(a) = 0 \tag{3.37}$$

と補助的条件

$$K(y) = \int_{-a}^{a} G(x, y, y') \, dx = l \tag{3.38}$$

を満たす曲線の中で，

$$J(y) = \int_{-a}^{a} F(x, y, y') \, dx$$

を最小にするものを求める。ただし

$$G(x, y, y') = \sqrt{1 + (y')^2}$$

$$F(x, y, y') = y$$

とする。定理 15 により，$y(x)$ は微分方程式

$$1 - \lambda \frac{d}{dx} \frac{y'}{\sqrt{1 + (y')^2}} = 0$$

の解である。この式より

$$x - \lambda \frac{y'}{\sqrt{1 + (y')^2}} = c \tag{3.39}$$

となる。ただし c を任意の定数とする。

式 (3.39) は次の形に変形できる。

$$y' = \pm \frac{\frac{x-c}{\lambda}}{\sqrt{1 - \left(\frac{x-c}{\lambda}\right)^2}}$$

この微分方程式は変数分離形であり，その解は式

$$\int dy = \pm \int \frac{\frac{x-c}{\lambda}}{\sqrt{1 - \left(\frac{x-c}{\lambda}\right)^2}} dx$$

によって求められる。そこで

$$\frac{x-c}{\lambda} = \sin u$$

3.2. 変分問題と地形の形成

とおくと
$$dx = \lambda \cos u \, du, \quad 1 - \left(\frac{x-c}{\lambda}\right)^2 = 1 - \sin^2 u = \cos^2 u$$

より
$$\int \frac{\frac{x-c}{\lambda}}{1 - \left(\frac{x-c}{\lambda}\right)^2} dx = \int \frac{\sin u \cdot \lambda \cosh u \, du}{\cos u} = \int \lambda \sin u \, du = -\lambda \cos u$$

となる。したがって
$$y - c = \mp \lambda \cos u$$

より
$$(y-d)^2 = \lambda^2 \cos^2 u = \lambda^2 \left(1 - \sin^2 u\right) = \lambda^2 \left\{1 - \left(\frac{x-c}{\lambda}\right)^2\right\} = \lambda^2 - (x-c)^2$$

となる。ただし d を任意の定数とする。この方程式は円を表す。定数 c, d, λ の値は境界条件 (3.37) と補助的条件 (3.37) から求められる。

例題 14 の結果に基づき，一様な傾斜をもつ斜面に発生する地すべりについて考察する。地すべりの滑落ブロックの横断形状が曲線 $y = y(x)$ $(a \leq x \leq b)$ で与えられるとする。このとき滑落ブロックに作用する抵抗力 $K(y)$ は
$$K(y) = \int_a^b (c + \mu \sigma_n) \sqrt{1 + (y')^2} \, dx$$

で与えられる。ただし，c は粘着力，μ は摩擦係数，σ_n は法線応力を表す。また，法線応力 σ_n は，土圧の法線成分 σ_s から間隙水圧 σ_0 を引いた有効応力であるとする。したがって
$$\sigma_n = \sigma_s - \sigma_0$$

となる。また横断面上におけるすべり面の傾き α に対し，
$$\sigma_s = \rho g \left(y_s - y\right) \cos \alpha$$

とする。ただし
$$\cos \alpha = \frac{1}{\sqrt{1 + (y')}}$$

とする。一方，斜面下方へ作用する重力成分は
$$J(y) = \rho g \sin \theta \int_a^b (y_s - y) \, dx$$

となる。ただし y_s は地表面の高度，θ は斜面の傾斜角，ρ は土の密度，g は重力加速度である。

練習問題 25 $K(y)$ は一定であるとの補助的条件のもとで，汎関数 $J(y)$ を最大にするものと仮定し，地すべりの横断形状 $y(x)$ を求めなさい。

第4章 常微分方程式の数値解法

非線形の微分方程式の解を多項式，三角関数，指数関数等の基本的な関数を用いて表すことは，一般に困難であると予測される。そのような場合，微分方程式を数値的に解く方法が重要となる。第4章では，常微分方程式の初期値問題の数値解法を題材とし，特に線形多段法と陽的1段法について考察する。

4.1 線形多段法

4.1.1 陽的線形多段法と陰的線形多段法

次の初期値問題を数値的に解く方法について考察する。

$$\begin{aligned} \frac{dy}{dx} &= f(x,y) \\ y(a) &= \eta \end{aligned} \quad (4.1)$$

ある正の定数 h に対して

$$x_n = a + nh, \quad n = 0, 1, 2, \ldots$$

とするとき，点 $x_0, x_1, x_2, \ldots$ での解の近似値 $y_0, y_1, y_2, \ldots$，すなわち $y(x_0), y(x_1), y(x_2), \ldots$ の近似値 $y_0, y_1, y_2, \ldots$ を求める方法について考察する。次の式で近似値を求める方法を k 段の線形多段法，あるいは線形 k 段法という。

$$\sum_{j=0}^{k} \alpha_j y_{n+j} = h \sum_{j=0}^{k} \beta_j f_{n+j} \quad (4.2)$$

ただし α_j と β_j は定数であり，

$$f_n = f(x_n, y_n) \quad (n = 0, 1, 2, \ldots)$$

とする。また $\alpha_k \neq 0$, $\alpha_0^2 + \beta_0^2 \neq 0$ とする。このとき式 (4.2) の両辺を α_k でわることにより，y_{n+k} の係数を 1 にすることができる。そこで，$\alpha_k = 1$ とする。したがって式 (4.2) は

$$\begin{aligned} &y_{n+k} + \alpha_{k-1} y_{n+k-1} + \cdots + \alpha_1 y_{n+1} + \alpha_0 y_n \\ &= h(\beta_k f_{n+k} + \beta_{k-1} f_{n+k-1} + \cdots + \beta_1 f_{n+1} + \beta_0 f_n) \end{aligned} \quad (4.3)$$

となる。

　線形 k 段法 (4.2) あるいは (4.3) は，$\beta_k = 0$ ならば陽的，$\beta_k \neq 0$ ならば陰的であるという。陽的線形 k 段法によると，y_{n+k} は直接

$$y_{n+j}, \quad f_{n+j} \quad (j = 0, 1, 2, \ldots, k-1)$$

の式で表される。一方，陰的線形 k 段法では，y_{n+k} を求めるためには方程式

$$y_{n+k} = h\beta_k f(x_{n+k}, y_{n+k}) + g$$

を解かなければならない。ただし g は，式

$$g = h \sum_{j=0}^{k-1} \beta_j f_{n+j} - \sum_{j=0}^{k-1} \alpha_j y_{n+j}$$

で表される既知の値である。f が非線形の場合，前述の方程式の数値解は次の反復計算により求められる。

$$z_{i+1} = h\beta_k f(x_{n+k}, z_i) + g \quad (i = 0, 1, 2, \ldots) \tag{4.4}$$

　反復計算 (4.4) によって導かれる近似解の列 $z_0, z_1, z_2, \ldots$ に対して極限値が存在し得ることを示す。任意の正の実数 ϵ に対して

$$m, n > N \quad \text{ならば} \quad |x_n - x_m| < \epsilon$$

となる正の整数 N が存在するとき，数列 $\{x_n\}$ は Cauchy 列であるという。任意の Cauchy 列に対しては，ただ一つの極限が存在することが示されている。すなわち

$$\lim_{n \to \infty} x_n = a \tag{4.5}$$

となる実数 a が存在する。

練習問題 26 関数 $g(x)$ が任意の二つの実数 a, b に対して次の不等式を満たすような正の定数 L を g の Lipschitz 定数という。

$$|g(b) - g(a)| \leq L|b - a|$$

また，このとき g は Lipschitz 連続であるという。g が Lipschitz 連続であり，その Lipschitz 定数 L が条件

$$0 < L < 1$$

を満たすとき，g はただ一つの不動点をもつ，すなわち

$$g(c) = c$$

となるただ一の実数 c が存在することを，前述の結果に基づき示しなさい。

4.1. 線形多段法

関数 $f(x,y)$ が，y に関する Lipschitz 定数 L をもつとする。すなわち任意の x, c, d に対して

$$|f(x,c) - f(x,d)| \leq L|c - d|$$

となる正の定数 L があるとする。このとき $h|\beta_k|L$ は関数 $h\beta_k f(x,y)$ の y に関する Lipschitz 定数となる。したがって，条件

$$h|\beta_k|L < 1$$

が満たされるとき，反復計算 (4.4) によって導かれる y_{n+k} の近似値の列 $z_0, z_1, z_2, \ldots$ は，任意の初期値 z_0 に対してただ一つの値に収束する。

4.1.2 Taylor 展開による線形多段法の導出

Taylor 展開による線形多段法の導出

線形 k 段法 (4.2) あるいは (4.3) の係数 α_j と β_j を選択する方法について考察する。Taylor 展開

$$y(x_n + h) = y(x_n) + hy'(x_n) + \frac{h^2}{2}y''(x_n) + \cdots$$

により，式

$$y(x_n + h) \approx y(x_n) + hf(x_n, y(x_n)) \tag{4.6}$$

が成り立つ。この近似による誤差は

$$\frac{h^2}{2}y''(x_n) + \cdots \tag{4.7}$$

である。近似式 (4.6) により次の Euler 法が導かれる。

$$y_{n+1} = y_n + hf_n$$

誤差 (4.7) のような近似誤差は局所打切り誤差，あるいは局所離散化誤差と呼ばれる。Euler 法による局所打切り誤差は $O(h^2)$ である。

Taylor 展開

$$\begin{aligned}
y(x_n + h) &= y(x_n) + hy^{(1)}(x_n) + \frac{h^2}{2!}y^{(2)}(x_n) + \frac{h^3}{3!}y^{(3)}(x_n) + \cdots \\
y(x_n - h) &= y(x_n) - hy^{(1)}(x_n) + \frac{h^2}{2!}y^{(2)}(x_n) - \frac{h^3}{3!}y^{(3)}(x_n) + \cdots
\end{aligned}$$

より次の式が導かれる。

$$y(x_n + h) - y(x_n - h) = 2hy^{(1)}(x_n) + \frac{h^3}{3}y^{(3)}(x_n) + \cdots$$

この式から中点法

$$y_{n+2} - y_n = 2hf_{n+1}$$

が導かれる。この場合，局所打切り誤差は

$$\frac{h^3}{3}y^{(3)}(x_n) + \cdots$$

となる。

ここで局所打ち切り誤差の観点から，最も正確な線形1段法を導く。線形1段法

$$y_{n+1} + \alpha_0 y_n = h(\beta_1 f_{n+1} + \beta_0 f_n)$$

より

$$y(x_n + h) + \alpha_0 y(x_n) \approx h\left[\beta_1 y^{(1)}(x_n + h) + \beta_0 y^{(1)}(x_n)\right] \tag{4.8}$$

となる。一方

$$\begin{aligned}
y(x_n + h) &= y(x_n) + hy^{(1)}(x_n) + \frac{h^2}{2!}y^{(2)}(x_n) + \cdots \\
y^{(1)}(x_n + h) &= y^{(1)}(x_n) + hy^{(2)}(x_n) + \frac{h^2}{2!}y^{(3)}(x_n) + \cdots
\end{aligned}$$

を式 (4.8) に代入すると

$$c_0 y(x_n) + c_1 hy^{(1)}(x_n) + c_2 h^2 y^{(2)}(x_n) + c_3 h^3 y^{(3)}(x_n) + \cdots \approx 0$$

となる。ただし

$$c_0 = 1 + \alpha_0, \quad c_1 = 1 - \beta_1 - \beta_0, \quad c_2 = \frac{1}{2} - \beta_1, \quad c_3 = \frac{1}{6} - \frac{1}{2}\beta_1$$

とする。ここで誤差が最も小さくなるように係数 $\alpha_0, \beta_0, \beta_1$ を選ぶとすると

$$\alpha_0 = -1, \quad \beta_0 = \beta_1 = \frac{1}{2}$$

となる。また，このとき

$$c_3 = -\frac{1}{12}$$

4.1. 線形多段法

となる。これら係数の値より台形則

$$y_{n+1} - y_n = \frac{h}{2}(f_{n+1} + f_n)$$

が導かれる。この場合，局所打切り誤差は

$$\pm \frac{1}{12} h^3 y^{(3)}(x_n) + \cdots$$

である。

例題 15 局所打ち切り誤差の観点から，最も正確な線形2段法を求めなさい。また，その局所打切り誤差を求めなさい。

例題 15 の解答 局所打ち切り誤差の観点から，最も正確な線形2段法

$$y_{n+2} + \alpha_1 y_{n+1} + \alpha_0 y_n = h(\beta_2 f_{n+2} + \beta_1 f_{n+1} + \beta_0 f_n)$$

を求めるため

$$\begin{aligned}
y(x_n + 2h) + \alpha_1 y(x_n + h) + \alpha_0 y(x_n) \\
\approx h\left[\beta_2 y^{(1)}(x_n + 2h) + \beta_1 y^{(1)}(x_n + h) + \beta_0 y^{(1)}(x_n)\right]
\end{aligned} \tag{4.9}$$

とする。一方

$$\begin{aligned}
y(x_n + h) &= (x_n) + hy^{(1)}(x_n) + \frac{h^2}{2} y^{(2)}(x_n) + \frac{h^3}{6} y^{(3)}(x_n) \\
&\quad + \frac{h^4}{24} y^{(4)}(x_n) + \frac{h^5}{120} y^{(5)}(x_n) + \cdots \\
y(x_n + 2h) &= y(x_n) + 2hy^{(1)}(x_n) + 2h^2 y^{(2)}(x_n) \\
&\quad + \frac{4}{3} h^3 y^{(3)}(x_n) + \frac{2}{3} h^4 y^{(4)}(x_n) + \frac{8}{15} h^5 y^{(5)}(x_n) + \cdots \\
y^{(1)}(x_n + h) &= y^{(1)}(x_n) + hy^{(2)}(x_n) \\
&\quad + \frac{h^2}{2!} y^{(3)}(x_n) + \frac{h^3}{6} y^{(4)}(x_n) + \frac{h^4}{24} y^{(5)}(x_n) + \cdots \\
y^{(1)}(x_n + 2h) &= y^{(1)}(x_n) + 2hy^{(2)}(x_n) + 2h^2 y^{(3)}(x_n) \\
&\quad + \frac{4}{3} h^3 y^{(4)}(x_n) + \frac{2}{3} h^4 y^{(5)}(x_n) + \cdots
\end{aligned}$$

が成り立ち，これらを式 (4.9) に代入すると

$$\begin{aligned}
c_0 y(x_n) + c_1 h y^{(1)}(x_n) + c_2 h^2 y^{(2)}(x_n) + c_3 h^3 y^{(3)}(x_n) + c_4 h^4 y^{(4)}(x_n) \\
+ c_5 h^5 y^{(5)}(x_n) + \cdots \approx 0
\end{aligned}$$

となる。ただし

$$
\begin{aligned}
c_0 &= 1+\alpha_0+\alpha_1 \\
c_1 &= 2+\alpha_1-\beta_2-\beta_1-\beta_0 \\
c_2 &= 2+\frac{1}{2}\alpha_1-2\beta_2-\beta_1 \\
c_3 &= \frac{4}{3}+\frac{1}{6}\alpha_1-2\beta_2-\frac{1}{2}\beta_1 \\
c_4 &= \frac{2}{3}+\frac{1}{24}\alpha_1-\frac{4}{3}\beta_2-\frac{1}{6}\beta_1 \\
c_5 &= \frac{1}{120}+\frac{8}{15}\alpha_1-\frac{2}{3}\beta_2-\frac{1}{24}\beta_1
\end{aligned}
$$

とする。したがって

$$\alpha_0=-1,\quad \alpha_1=0,\quad \beta_0=\frac{1}{3},\quad \beta_1=\frac{4}{3},\quad \beta_2=\frac{1}{3}$$

ならば $c_0=\ldots=c_4=0$ となる。またこのとき

$$c_5=-\frac{97}{360}$$

となる。これらの係数の値より Simpson 則

$$y_{n+2}-y_n=\frac{h}{3}\left(f_{n+2}+4f_{n+1}+f_n\right) \tag{4.10}$$

が導かれる。この場合，局所打切り誤差は

$$\pm\frac{97}{360}h^5 y^{(5)}(x_n)+\cdots$$

となる。

数値積分による線形多段法の導出

微分方程式より，式

$$y(x_{n+2})-y(x_n)=\int_{x_n}^{x_{n+2}} y'(x)\,dx=\int_{x_n}^{x_{n+2}} f(x,y(x))\,dx$$

が成り立つ。$P(x)$ を，条件

$$P(x_n)=f_n,\quad P(x_{n+1})=f_{n+1},\quad P(x_{n+2})=f_{n+2}$$

を満たす2次関数とすると，

$$P(x)=P(x_n+rh)=f_n+r\Delta f_n+\frac{r(r-1)}{2!}\Delta^2 f_n$$

4.1. 線形多段法

と表すことができる。ただし

$$\Delta f_n = f_{n+1} - f_n$$

$$\Delta^2 f_n = \Delta(\Delta f_n) = \Delta(f_{n+1} - f_n) = f_{n+2} - 2f_{n+1} + f_n$$

である。そこで積分

$$\int_{x_n}^{x_{n+2}} y'(x)\,dx$$

を $P(x)$ の積分

$$\int_{x_n}^{x_{n+2}} P(x)\,dx$$

で近似する。一方

$$\int_{x_n}^{x_{n+2}} P(x)\,dx = \int_0^2 \left[f_n + r\Delta f_n + \frac{r(r-1)}{2!}\Delta^2 f_n \right] h\,dr = h\left(2f_n + 2\Delta f_n + \frac{1}{3}\Delta^2 f_n\right)$$

より Simpson 則 (4.10) が導かれる。

例題 16 式

$$y(x_{n+2}) - y(x_{n+1}) = \int_{x_{n+1}}^{x_{n+2}} y'(x)\,dx$$

より次の *Adams-Moulton* 法を導きなさい。

$$y_{n+2} - y_{n+1} = \frac{h}{12}(5f_{n+2} + 8f_{n+1} - f_n) \tag{4.11}$$

例題 16 の解答

$$\begin{aligned}
y(x_{n+2}) - y(x_{n+1}) &= \int_{x_{n+1}}^{x_{n+2}} y'(x)\,dx \\
&\approx \int_{x_{n+1}}^{x_{n+2}} P(x)\,dx \\
&= \int_1^2 \left[f_n + r\Delta f_n + \frac{r(r-1)}{2!}\Delta^2 f_n \right] h\,dr \\
&= h\left[f_n \cdot r + \Delta f_n \cdot \frac{r^2}{2} + \frac{1}{2}\Delta^2 f_n \cdot \left(\frac{r^3}{3} - \frac{r^2}{2}\right) \right]_1^2 \\
&= h\left(f_n + \frac{3}{2}\Delta f_n + \frac{5}{12}\Delta^2 f_n \right) \\
&= h\left[f_n + \frac{3}{2}(f_{n+1} - f_n) + \frac{5}{12}(f_{n+2} - 2f_{n+1} - f_n) \right] \\
&= \frac{h}{12}(5f_{n+2} + 8f_{n+1} - f_n)
\end{aligned}$$

より，Adams-Moulton 法 (4.11) が導かれる。

4.1.3 線形多段法の収束性と安定性

線形多段法の収束性

ステップ幅 h が小さくなるとき，線形多段法 (4.2) による解の近似値が，初期値問題 (4.1) の解の値に近づくための条件について考察する。初期値問題 (4.1) の解については次の定理 16 が示されている。

定理 16 関数 $f(x,y)$ は領域 $D = \{(x,y) \mid a \leq x \leq b, -\infty < y < \infty\}$ に定義された連続関数であり，D の任意の二つの組 (x,y_1) と (x,y_2) に対して

$$|f(x,y_1) - f(x,y_2)| \leq L|y_1 - y_2|$$

となる定数 L があるとする。このとき任意の D の点 (a,η) に対して，初期値問題 *(4.1)* の解がただ一つ存在する。

定義 1 定理 *4.6* の仮定を満たす任意の初期値問題に対し，式

$$\lim_{h \to 0} y_n = y(x_n) \quad (nh = x - a)$$

が，閉区間 $[a,b]$ 内の任意の点 x と

$$y_l = \eta_l(h)$$

$$\lim_{h \to 0} \eta_l(h) = \eta \quad (l = 0,1,2,\cdots,k-1)$$

となる全ての近似解に対して成り立つとき，線形多段法 *(4.2)* は収束する，あるいは収束性を備えるという。

オーダーと誤差定数

線形多段法 (4.2) に対して，作用素 L を次の式で定義する。

$$L(y(x),h) = \sum_{j=0}^{k} \alpha_j y(x+jh) - h\sum_{j=0}^{k} \beta_j y'(x+jh) \tag{4.12}$$

この式に $y(x+jh)$ と $y'(x+jh)$ のテイラー展開を代入すると

$$L(y(x),h) = c_0 y(x) + c_1 h y^{(1)}(x) + \cdots + c_l h^l y^{(l)}(x) + \cdots$$

となるとする。

4.1. 線形多段法

定義 2 線形差分差要素 *(4.12)* に対し，条件

$$c_0 = c_1 = \cdots = c_m = 0, \quad c_{m+1} \neq 0$$

が満たされるとき，線形多段法 *(4.2)* のオーダーは m であるという。

練習問題 27

$$\begin{aligned}
c_0 &= \alpha_0 + \alpha_1 + \ldots + \alpha_k \\
c_1 &= \alpha_1 + 2\alpha_2 + \ldots + k\alpha_k - (\beta_0 + \beta_1 + \ldots + \beta_k) \\
c_m &= \frac{1}{m!}\left(\alpha_1 + 2^m \alpha_2 + \ldots + k^m \alpha_k\right) \\
&\quad - \frac{1}{(m-1)!}\left(\beta_1 + 2^{m-1}\beta_2 + \ldots + k^{q-1}\beta_k\right), \quad m = 2, 3, \ldots
\end{aligned}$$

となることを示しなさい。

例題 17 オーダーが最大となる陰的な線形2段法を求めなさい。

例題 17 の解答 線形2段法は

$$\alpha_2 y_{n+2} + \alpha_1 y_{n+1} + \alpha_0 y_n = h\left(\beta_2 f_{n+2} + \beta_1 f_{n+1} + \beta_0 f_n\right) \tag{4.13}$$

と表される。$\alpha_2 = 1$ より $\alpha_0, \alpha_1, \beta_0, \beta_1, \beta_2$ を求めるため α_0 を a とおき，$c_0 = c_1 = c_2 = c_3 = 0$ とおくと

$$\begin{aligned}
a + \alpha_1 + 1 &= 0 \\
\alpha_1 + 2 - (\beta_0 + \beta_1 + \beta_2) &= 0 \\
\frac{1}{2}(\alpha_1 + 4) - (\beta_1 + 2\beta_2) &= 0 \\
\frac{1}{6}(\alpha_1 + 8) - \frac{1}{2}(\beta_1 + 4\beta_2) &= 0
\end{aligned}$$

となる。これらの式より

$$\alpha_1 = -1 - a, \quad \beta_0 = -\frac{1}{12}(1+5a), \quad \beta_1 = \frac{2}{3}(1-a), \quad \beta_2 = \frac{1}{12}(5+a)$$

となる。このとき線形2段法 (4.13) は

$$y_{n+2} - (1+a)y_{n+1} + ay_n = \frac{h}{12}\{(5+a)f_{n+2} + 8(1-a)f_{n+1} - (1+5a)f_n\} \tag{4.14}$$

となる。また，

$$\begin{aligned}
c_4 &= \frac{1}{24}(\alpha_1 + 16) - \frac{1}{6}(\beta_1 + 8\beta_2) = -\frac{1}{24}(1+a) \\
c_5 &= \frac{1}{120}(\alpha_1 + 32) - \frac{1}{24}(\beta_1 + 16\beta_2) = -\frac{1}{360}(17+13a)
\end{aligned}$$

となるので，$a \neq -1$ ならば線形 2 段法のオーダーは 3 であり，$a = -1$ でならば，そのオーダーは 4 となる。

オーダーが最大となる $a = -1$ の場合，線形 2 段法 (4.14) は Simpson 則 (4.10) となる。また $a = 0$ ならば，線形 2 段法 (4.14) は Adams-Moulton 法 (4.11) となる。更に，$a = -5$ ならば，線形 2 段法 (4.14) は陽的線形 2 段法

$$y_{n+2} + 4y_{n+1} - 5y_n = h(4f_{n+1} + 2f_n)$$

となる。

局所打切り誤差

定義 3 $y(x)$ が初期値問題 *(4.1)* の真の解であるとき *(4.12)* で定義される $L(y(x), h)$ は局所打切り誤差と呼ばれる。

$y_{n+j} = y(x_{n+j}),\ j = 0, 1, \ldots, k-1$ とする。このとき

$$\begin{aligned}\sum_{j=0}^{k} \alpha_j y(x_n + jh) &= h \sum_{j=0}^{k} \beta_j y'(x_n + jh) + L(y(x_n), h) \\ &= h \sum_{j=0}^{k} \beta_j f(x_n + jh, y(x_n + jh)) + L(y(x_n), h)\end{aligned}$$

となる。y_{n+k} が線形 k 段法 (4.2) で求められるとき

$$\sum_{j=0}^{k} \alpha_j y_{n+j} = h \sum_{j=0}^{k} \beta_j f(x_{n+j}, y_{n+j})$$

より

$$y(x_{n+k}) - y_{n+k} = h\beta_K [f(x_{n+k}, y(x_{n+k})) - f(x_{n+k}, y_{n+k})] + L(y(x_n), h)$$

となる。ここで平均値の定理より

$$f(x_{n+k}, y(x_{n+k})) - f(x_{n+k}, y_{n+k}) = [y(x_{n+k}) - y_{n+k}] \frac{\partial f(x_{n+k}, \eta_{n+k})}{\partial y}$$

となる η_{n+k} が y_{n+k} と $y(x_{n+k})$ を端点とする開区間に存在する。したがって

$$\left\{1 - h\beta_k \frac{\partial f(x_{n+k}, \eta_{n+k})}{\partial y}\right\} \{y(x_{n+k}) - y_{n+k}\} = L(y(x_n), h) \tag{4.15}$$

となる。線形 k 段法のオーダーを m とすると式 (4.15) より

$$y(x_{n+k}) - y_{n+k} = c_{m+1} h^{m+1} y^{m+1}(x_n) + O(h^{m+1}) \tag{4.16}$$

となる。

4.1. 線形多段法

適合性

定義 4 オーダーが 1 以上ならば，線形 k 段法 *(4.2)* は初期値問題 *(4.1)* に対して適合条件を満たすという。

式

$$\sum_{j=0}^{k} \alpha_j = 0 \tag{4.17}$$

$$\sum_{j=0}^{k} j\alpha_j = \sum_{j=0}^{k} \beta_j \tag{4.18}$$

が成り立つとき，線形 k 段法 (4.2) が初期値問題 (4.1) に対して適合条件を満たす。これら二つの条件は，線形 k 段法 (4.2) が収束性を備えるための必要条件であることを示す。$x = a + nh$ が定数ならば

$$\lim_{n \to \infty} h = 0$$

が成り立つ。このとき $j = 0, 1, \ldots, k$ に対し y_{n+j} は $y(x)$ に近づくので，

$$\theta_{j,n}(h) = y(x) - y_{n+j} \quad (j = 0, 1, \ldots, k)$$

とおくと

$$\lim_{h \to 0} \theta_{j,n}(h) = 0 \quad (j = 0, 1, \ldots, k)$$

となる。一方

$$\sum_{j=0}^{k} \alpha_j y(x) = \sum_{j=0}^{k} \alpha_j y_{n+j} + \sum_{j=0}^{k} \theta_{j,n}(h)$$

より

$$y(x) \sum_{j=0}^{k} \alpha_j = \sum_{j=0}^{k} \alpha_j y_{n+j} + \sum_{j=0}^{k} \theta_{j,n}(h)$$

となる。この式の右辺については，

$$\lim_{h \to 0} \left\{ \sum_{j=0}^{k} \alpha_j y_{n+j} + \sum_{j=0}^{k} \theta_{j,n}(h) \right\} = 0$$

が成り立つ。また，一般に $y(x) \neq 0$ が成り立つので，

$$\sum_{j=0}^{k} \alpha_j = 0$$

となる。
式
$$\lim_{h \to 0} \frac{y_{n+j} - y_n}{jh} = y'(x) \quad (j = 1, 2, \ldots, k)$$
より
$$\phi_{j,n}(h) = \frac{y_{n+j} - y_n}{jh} - y'(x)$$
とおくと
$$\lim_{h \to 0} \phi_{j,n}(h) = 0 \quad (j = 1, 2, \ldots, k)$$
となる。一方，式
$$y_{n+j} - y_n = jhy'(x) + jh\phi_{j,n}(h) \quad (j = 1, 2, \ldots, k)$$
より
$$\sum_{j=0}^{k} \alpha_j y_{n+j} - \sum_{j=0}^{k} \alpha_j y_n = h \sum_{j=0}^{k} j\alpha_j y'(x) + h \sum_{j=0}^{k} j\alpha_j \phi_{j,n}(h)$$
となる。また，この式は
$$h \sum_{j=0}^{k} \beta_j f_{n+j} - y_n \sum_{j=0}^{k} \alpha_j = hy'(x) \sum_{j=0}^{k} j\alpha_j + h \sum_{j=0}^{k} j\alpha_j \phi_{j,n}(h)$$
となり，さらに式 (4.17) より
$$\sum_{j=0}^{k} \beta_j f_{n+j} = y'(x) \sum_{j=0}^{k} j\alpha_j + \sum_{j=0}^{k} j\alpha_j \phi_{j,n}(h)$$
とる。そこで式
$$\lim_{h \to 0} f_{n+j} = f(x, y(x)) \quad (j = 0, 1, \ldots, k)$$
より
$$f(x, y(x)) \sum_{j=0}^{k} \beta_j = y'(x) \sum_{j=0}^{k} j\alpha_j$$
となる。したがって，関数 $y(x)$ が初期値問題 (4.1) の解ならば条件 (4.18) が満たされる。

ここで線形 k 段法 (4.2) の第 1 特性多項式 $\rho(\zeta)$ と第 2 特性多項式 $\sigma(\zeta)$ を

$$\rho(\zeta) = \sum_{j=0}^{k} \alpha_j \zeta^j, \quad \sigma(\zeta) = \sum_{j=0}^{k} \beta_j \zeta^j$$

とする。このとき定義 4 より，線形 k 段法 (4.2) が初期値問題 (4.1) に対して適合条件を満たすことと式

$$\rho(1) = 0, \quad \rho'(1) = \sigma(1)$$

が成り立つことは必要十分条件である。

定義 5 第 1 特性多項式 $\rho(\zeta)$ の根の絶対値がすべて 1 以下であり，絶対値が 1 の根の重複度が 1 のとき，線形 k 段法 *(4.2)* はゼロ安定であるという。

線形 k 段法 (4.2) が初期値問題 (4.1) に対して適合条件を満たすことは，収束性を備えるための必要条件であることを既に示した。線形 k 段法 (4.2) の収束性とゼロ安定性と適合性に関しては，次の定理が示されている。

定理 17 線形 k 段法 *(4.2)* が収束性を備えることと，初期値問題 *(4.1)* に対して適合条件を満たしゼロ安定であることは必要十分条件である。

練習問題 28 線形 2 段法 *(4.14)* は，$-1 \leq a < 1$ の場合収束性を備えることを示しなさい。

4.2 陽的 1 段法

4.2.1 陽的 1 段法とオーダー

陽的 1 段法は一般に式

$$y_{n+1} - y_n = h\phi(x_n, y_n, h) \tag{4.19}$$

で表される。

$$y(x+h) + y(x) - h\phi(x, y(x), h) = O\left(h^{l+1}\right)$$

となるとき陽的 1 段法 (4.19) のオーダーは l であるという。ただし $y(x)$ は，初期値問題 (4.1) の真の解であるとする。

定義 6 式

$$\phi(x, y, 0) = f(x, y) \tag{4.20}$$

が成り立つならば陽的 1 段法 *(4.19)* は初期値問題 *(4.1)* に対して適合条件を満たすという。

適合条件が満たされるならば，式
$$y'(x) = f(x, y(x)) = \phi(x, y(x), 0)$$
より
$$\begin{aligned}
y(x+h) - y(x) - h\phi(x, y(x), h) &= hy'(x) - h\phi(x, y(x), h) + O(h^2) \\
&= hy'(x) - h\phi(x, y(x), 0) + O(h^2) \\
&= O(h^2)
\end{aligned}$$
となるので，陽的 1 段法 (4.19) のオーダーは少なくとも 1 である。

例題 18 陽的 1 段法
$$\begin{aligned}
y_{n+1} - y_n &= h\phi(x_n, y_n, h) \\
\phi(x, y, h) &= \sum_{i=1}^{2} c_i k_i \\
k_1 &= f(x, y) \\
k_2 &= f(x + ha_2, y + ha_2 k_1)
\end{aligned}$$
のオーダーが 2 となるような条件を導きなさい。

例題 18 の解答 関数 $y(x)$ が初期値問題 (4.1) の真の解であるならば
$$y(x+h) - y(x) = hy'(x) + \frac{h^2}{2} y''(x) + O(h^3) = hf + \frac{h^2}{2}(f_x + f f_y) + O(h^3)$$
となる。一方
$$k_2 = f + ha_2(f_x + k_1 f_y) + O(h^2)$$
となるので，
$$\begin{aligned}
&y(x+h) - y(x) - h\phi(x, y(x), h) \\
&= hf + \frac{h^2}{2}(f_x + f f_y) + O(h^3) - h\left\{c_1 f + c_2\left(f + ha_2(f_x + k_1 f_y) + O(h^2)\right)\right\} \\
&= \{1 - (c_1 + c_2)\} hf + \left(\frac{1}{2} - c_2 a_2\right) h^2 (f_x + f f_y) + O(h^3)
\end{aligned}$$
となる。したがって条件
$$c_1 + c_2 = 1, \quad c_2 a_2 = \frac{1}{2}$$
は前述の陽的 1 段法のオーダーが 2 となるための十分条件である。

4.2. 陽的1段法

4.2.2 Runge-Kutta 法

初期値問題 (4.1) に対して，次の式で表される陽的1段法を，m 次 Runge-Kutta 法とよぶ。

$$
\begin{aligned}
y_{n+1} - y_n &= h\phi(x_n, y_n, h) \\
\phi(x, y, h) &= \sum_{i=1}^{m} c_i k_i \\
k_1 &= f(x, y) \\
k_i &= f\left(x + h a_i, y + h \sum_{j=1}^{i-1} b_{ij} k_j\right) \quad (i = 2, 3, \ldots, m) \\
a_i &= \sum_{j=1}^{m-1} b_{ij} \quad (i = 2, 3, \ldots, m)
\end{aligned}
\tag{4.21}
$$

このとき $h = 0$ ならば，$k_i = f(x, y)$ $(i = 1, 2, \ldots, m)$ より

$$
\phi(x, y, 0) = \sum_{i=1}^{m} c_i k_i = \sum_{i=1}^{m} c_i f(x, y) = \left(\sum_{i=1}^{m} c_i\right) f(x, y)
$$

となる。したがって m 次 Runge-Kutta 法が初期値問題 (4.1) に対して適合条件が満たされるためには，式

$$
\sum_{i=1}^{m} c_i = 1 \tag{4.22}
$$

が成り立たなければならない。

ここで式

$$
\phi(x, y, h) = f(x, y) + \frac{h}{2!} f^{(1)}(x, y) + \frac{h}{3!} f^{(2)}(x, y) + \cdots + \frac{h}{l!} f^{(l-1)}(x, y) + O(l) \quad (l \geq m)
$$

が成り立つとする。ただし

$$
f^{(k)}(x, y) = \frac{d^k}{dx^k} f(x, y) \quad (k = 1, 2, \ldots, l-1)
$$

とする。一方

$$
\begin{aligned}
f^{(1)}(x, y) &= \frac{df}{dx} = f_x + f_y \frac{dy}{dx} = f_x + f f_y = F \\
f^{(2)}(x, y) &= \frac{d^2 f}{dx^2} = \frac{d}{dx}(f_x + f f_y) = f_{xx} + f_{xy} f + (f_x + f f_y) f_y + f(f_{yx} + f_{yy} f) \\
&= F f_y + G
\end{aligned}
$$

となる。ただし

$$\begin{aligned} F &= f_x + ff_y \\ G &= f_{xx} + 2ff_{xy} + f^2 f_{yy} \end{aligned}$$

とする。

ここで $m \leq 3$ とし，オーダーが m となる Runge-Kutta 法を導く。このとき

$$\begin{aligned} k_1 &= f(x, y) \\ k_2 &= f(x + ha_2, y + ha_2 k_1) \\ k_3 &= f(x + ha_3, y + h(a_3 - b_{32})k_1 + hb_{32}k_2) \end{aligned}$$

となる。そこで

$$\begin{aligned} k_2 &= f + ha_2(f_x + k_1 y) + \frac{1}{2}h^2 a_2^2 (f_{xx} + 2k_1 f_{xy} + k_1^2 f_{yy}) + O(h^3) \\ k_3 &= f + h\{a_3 f_x + [(a_3 - b_{32})k_1 + hb_{32}k_2] f_y\} \\ &\quad + \frac{1}{2}h^2 \{a_3^2 f_{xx} + 2a_3[(a_3 - b_{32})k_1 + hb_{32}k_2] f_{xy} + [(a_3 - b_{32})k_1 + hb_{32}k_2]^2 f_{yy}\} \\ &\quad + O(h^3) \end{aligned}$$

となり，さらに

$$k_3 = f + ha_3 F + h^2 \left(a_2 b_{32} F f_y + \frac{1}{2} a_3^2 G\right) + O(h^3) \tag{4.23}$$

となる。したがって

$$\phi(x, y, h) = \sum_{r=1}^{3} c_r k_r = (c_1 + c_2 + c_3)f + h(c_2 a_2 + c_3 a_3)F \\ + \frac{1}{2}h^2 [2c_3 a_2 b_{32} F f_y + (c_2 a_2^2 + c_3 a_3^2)G] + O(h^3) \tag{4.24}$$

が成り立つ。

練習問題 29 式 *(4.23)* と式 *(4.24)* が成り立つことを確かめなさい。

$m = 1$ ならば $c_2 = c_3 = 0$ であり

$$\phi(x, y, h) = c_1 f + O(h^2)$$

となる。このとき条件 (4.22) より $c_1 = 1$ となる。

練習問題 30 式

$$c_1 + c_2 = 1, \quad c_2 a_2 = \frac{1}{2} \tag{4.25}$$

が成り立つならば，*2次 Runge-Kutta 法*のオーダーは 2 となることを示しなさい。

4.2. 陽的1段法

条件 (4.25) により，$c_1 = 0$, $c_2 = 1$, $a_2 = 1/2$ および $c_1 = 1/2$, $c_2 = 1/2$, $a_2 = 1$ とおくときに導かれる二つの2次 Runge-Kutta 法の例を示す．

例 7

1) 修正 *Euler* 法，改良多角形法:

$$\begin{aligned} y_{n+1} - y_n &= hk_2 \\ k_1 &= f(x_n, y_n) \\ k_2 &= f\left(x_n + \frac{1}{2}h, y_n + \frac{1}{2}hk_1\right) \end{aligned}$$

2) 改良 *Euler* 法:

$$\begin{aligned} y_{n+1} - y_n &= \frac{h}{2}(k_1 + k_2) \\ k_1 &= f(x_n, y_n) \\ k_2 &= f(x_n + h, y_n + hk_1) \end{aligned}$$

練習問題 31 式

$$c_1 + c_2 + c_3 = 1, \quad c_2 a_2 + c_3 a_3 = \frac{1}{2}, \quad c_2 a_2^2 + c_3 a_3^2 = \frac{1}{3}, \quad c_3 a_2 b_{32} = \frac{1}{6} \quad (4.26)$$

が成り立つならば，*3次 Runge-Kutta 法*のオーダーは3となることを示しなさい．

条件 (4.26) により，$c_1 = 1/4$, $c_2 = 0$, $c_3 = 3/4$, $a_2 = 1/3$, $a_3 = 2/3$, $b_{32} = 2/3$ および $c_1 = 1/6$, $c_2 = 2/3$, $c_3 = 1/6$, $a_2 = 1/2$, $a_3 = 1$, $b_{32} = 2$ とおくときに導かれる二つの3次 Runge-Kutta 法の例を示す．また4次 Runge-Kutta 法の例を例9に示す．

例 8

1) *Heun の 3次公式*:

$$\begin{aligned} y_{n+1} - y_n &= \frac{h}{4}(k_1 + 3k_3) \\ k_1 &= f(x_n, y_n) \\ k_2 &= f\left(x_n + \frac{1}{3}h, y_n + \frac{1}{3}hk_1\right) \\ k_3 &= f\left(x_n + \frac{2}{3}h, y_n + \frac{2}{3}hk_2\right) \end{aligned}$$

2) *Kutta の 3 次則:*

$$\begin{aligned} y_{n+1} - y_n &= \frac{h}{6}(k_1 + 4k_2 + k_3) \\ k_1 &= f(x_n, y_n) \\ k_2 &= f\left(x_n + \frac{1}{2}h, y_n + \frac{1}{2}hk_1\right) \\ k_3 &= f(x_n + h, y_n - hk_1 + 2hk_2) \end{aligned}$$

例 9 　1) *4 次 Runge-Kutta 法, Runge-Kutta 法:*

$$\begin{aligned} y_{n+1} - y_n &= \frac{h}{h}(k_1 + 2K_2 + 2k_3 + k_4) \\ k_1 &= f(x_n, y_n) \\ k_2 &= f\left(x_n + \frac{1}{2}h, y_n + \frac{1}{2}hk_1\right) \\ k_3 &= f\left(x_n + \frac{1}{2}h, y_n + \frac{1}{2}hk_2\right) \\ k_4 &= f(x_n + h, y_n + hk_3) \end{aligned}$$

第5章 偏微分方程式とその応用

ある物理量を対象として，その時間的および空間的変化を解析する場合，偏微分方程式をモデルとする場合が多い．第5では，その例として拡散，波動，流体の運動に着目し，モデル方程式が導かれる過程や解析方法および適用例について考察する．

5.1 拡散方程式とその解

5.1.1 拡散方程式

空気のような気体あるいは水のような液体で満たされた空間の中では，物資の空間的な濃度差が時間の経過とともに小さくなる，拡散と呼ばれる現象が観察される．点 $\boldsymbol{x}$, 時間 t におけるある物質の濃度（単位体積当たりの質量）を

$$c = c(\boldsymbol{x}, t)$$

とする．この関数 c が解となる偏微分方程式を導く．

S を点 $\boldsymbol{x}$ を含む曲面，$\boldsymbol{n}$ を $\boldsymbol{x}$ における S の単位法線ベクトルとする．Fick の拡散法則によると，点 $\boldsymbol{x}$ において単位面積，単位時間当たりに $\boldsymbol{n}$ の方向に S を通過する物質の質量 $F_{\boldsymbol{n}}$ は濃度 $c(\boldsymbol{x}, t)$ の $\boldsymbol{n}$ 方向の勾配

$$\frac{\partial c}{\partial \boldsymbol{n}} = \boldsymbol{n} \cdot \operatorname{grad} c$$

に比例する．ただし

$$\operatorname{grad} c = \left(\frac{\partial c}{\partial x}, \frac{\partial c}{\partial y}, \frac{\partial c}{\partial z} \right)$$

とする．すなわち

$$F_{\boldsymbol{n}} = -k \frac{\partial c}{\partial \boldsymbol{n}} = -k \boldsymbol{n} \cdot \operatorname{grad} c$$

となる比例係数 k がある．ここでは，k は定数であるとする．特に，単位時間当たりに，x 軸，y 軸，z 軸に垂直な面を正の方向に通過する物質の質量 F, G, H は，それぞれ

$$F = -k \frac{\partial c}{\partial x}, \quad G = -k \frac{\partial c}{\partial y}, \quad H = -k \frac{\partial c}{\partial z}$$

となる．ここで
$$\mathbf{F} = (F, G, H) = -k \operatorname{grad} c$$
とする．ベクトル値関数 $\mathbf{F}$ は流量またはフラックスと呼ばれる．

直方体
$$R = \{(x, y, z) \,|\, x_0 \leq x \leq x_1, y_0 \leq y \leq y_1, z_0 \leq z \leq z_1\}$$
における物質の総質量は積分
$$\iiint_R c \, dx \, dy \, dz$$
であり，その変化速度
$$\frac{d}{dt} \iiint_R c \, dx \, dy \, dz = \iiint_R \frac{\partial c}{\partial t} \, dx \, dy \, dz$$
は，R における単位時間当たりの質量の増加量と減少量の差に等しい．平面 $x = x_0$ を通過して単位時間当たりに R に流入する物質の質量は
$$\int_{z_0}^{z_1} \int_{y_0}^{y_1} F(x_0, y, z, t) \, dy \, dz$$
であり，平面 $x = x_1$ を通過して単位時間当たりに R から流出する物質の質量は
$$\int_{z_0}^{z_1} \int_{y_0}^{y_1} F(x_1, y, z, t) \, dy \, dz$$
で与えられる．したがって x 軸に垂直な平面を通過する質量の増加量と減少量の差は
$$\int_{z_0}^{z_1} \int_{y_0}^{y_1} F(x_0, y, z, t) \, dy \, dz - \int_{z_0}^{z_1} \int_{y_0}^{y_1} F(x_1, y, z, t) \, dy \, dz = -\iiint_R \frac{\partial F}{\partial x} \, dx \, dy \, dz$$
$$= k \iiint_R \frac{\partial^2 c}{\partial x^2} \, dx \, dy \, dz$$
となる．同様に y 軸と z 軸に垂直な平面を通過する質量の増加量と減少量の差は，それぞれ
$$k \iiint_R \frac{\partial^2 c}{\partial y^2} \, dx \, dy \, dz, \quad k \iiint_R \frac{\partial^2 c}{\partial z^2} \, dx \, dy \, dz$$
となる．これら増加量と減少量の差の総和が R 内の総質量の変化速度に等しいので，
$$\iiint_R \left(\frac{\partial c}{\partial t} - k \Delta c \right) dx \, dy \, dz = 0$$

5.1. 拡散方程式とその解

となる。ただし

$$\Delta c = \frac{\partial^2 c}{\partial x^2} + \frac{\partial^2 c}{\partial y^2} + \frac{\partial^2 c}{\partial z^2}$$

とする。この式が任意の直方体 R に対して成り立つので

$$\frac{\partial c}{\partial t} = k\Delta c \tag{5.1}$$

となる。この偏微分方程式は拡散方程式と呼ばれる。

5.1.2 1次元拡散方程式と固有値問題

拡散方程式 (5.1) の解が y と z に依存しないとする。このとき $c = u(x,t)$ とすると，

$$\frac{\partial u}{\partial t} = k\frac{\partial^2 u}{\partial x^2} \tag{5.2}$$

となる。

$$u(x,t) = X(x)T(t)$$

とおくと1次元拡散方程式 (5.2) は

$$X(x)T'(t) = kX''(x)T(t)$$

となる。$X(x)T(t) \neq 0$ のときに，両辺を $kX(x)T(t) \neq 0$ で割ると

$$\frac{T'(t)}{kT(t)} = \frac{X''}{X(x)}$$

となる。左辺は t だけの関数であるが，それが右辺の x だけの関数に等しいので定数関数である。この定数を $-\lambda$ とおくと次の二つの微分方程式が得られる。

$$X'' + \lambda X(x) = 0 \tag{5.3}$$

$$T'(t) + \lambda kT(t) = 0 \tag{5.4}$$

二つの条件

$$u(x,0) \quad (-\infty < x < \infty) \tag{5.5}$$

$$|u(x,t)| < M_1 \quad (-\infty < x < \infty,\ t > 0) \tag{5.6}$$

を満たす1次元拡散方程式 (5.2) の解を求める。微分方程式 (5.3) と条件 (5.6) より次の固有値問題が導かれる。

$$X'' + \lambda X(x) = 0,\quad |X(x)| < M_2 \quad (-\infty < x < \infty)$$

この微分方程式の解は $\lambda > 0$ のときに存在する。そこで $\lambda = \alpha^2$ とおくと

$$X(x) = A\cos\alpha x + B\sin\alpha x$$

となる。ただし A と B は任意の定数である。一方 $\lambda = \alpha^2$ のとき

$$T(t) = C\exp\left(-\alpha^2 kt\right)$$

(C は任意の定数) なので

$$u(x,t) = \int_0^\infty \exp\left(-\alpha^2 kt\right)\left[A(\alpha)\cos\alpha x + B(\alpha)\sin\alpha x\right]d\alpha \tag{5.7}$$

と表すことができる。そこで $t = 0$ とおくと条件 (5.5) より

$$f(x) = \int_0^\infty \{A(\alpha)\cos\alpha x + B(\alpha)\sin\alpha x\}\,d\alpha \tag{5.8}$$

となる。

関数 $A(\alpha)$ と $B(\alpha)$ に関しては，次の定理 18 が示されている。

定理 18 $f(x)$ は連続であり，無限積分

$$\int_{-\infty}^\infty |f(x)|\,dx$$

が収束するならば，無限積分

$$\frac{1}{\pi}\int_0^\infty \int_{-\infty}^\infty f(s)\cos\left[\alpha(s-x)\right]ds\,d\alpha$$

は $f(x)$ に収束する。

$f(x)$ が連続ならば，定理 18 は

$$\begin{aligned}f(x) &= \frac{1}{\pi}\int_0^\infty \int_{-\infty}^\infty f(s)\cos\left[\alpha(s-x)\right]ds\,d\alpha \\ &= \int_0^\infty \left\{\left[\frac{1}{\pi}\int_{-\infty}^\infty f(s)\cos\alpha s\,ds\right]\cos\alpha x + \left[\frac{1}{\pi}\int_{-\infty}^\infty f(s)\sin\alpha s\,ds\right]\sin\alpha x\right\}d\alpha\end{aligned}$$

であることを示す。したがって式 (5.7) 右辺の $A(\alpha), B(\alpha)$ は，式 (5.8) より

$$A(\alpha) = \frac{1}{\pi}\int_{-\infty}^\infty f(s)\cos\alpha s\,ds$$

$$B(\alpha) = \frac{1}{\pi}\int_{-\infty}^\infty f(s)\sin\alpha s\,ds$$

である。

5.1. 拡散方程式とその解

例題 19 次の補題 *1, 2, 3* 及び定理 *18* の証明の概要を記述しなさい。

補題 *1* 関数 $f(x)$ が $[a,b]$ で連続ならば

$$\lim_{r\to\infty} \int_a^b f(x) \sin rx \, dx = 0$$

が成り立つ。

条件

$$a = x_0 < x_1 < \cdots < x_{n-1} < x_n = b$$

を満たす n 個の点が存在し，各閉区間 $[x_{i-1}, x_i]$ $(i = 1, 2, \ldots, n)$ 上で関数 $f(x)$ が連続なとき，$f(x)$ は開区間 (a, b) 上で区分的に連続であるという。

補題 *2* 関数 $f(x)$ が 区間 $(0, c)$ で区分的に連続ならば

$$\lim_{r\to\infty} \int_0^c f(x) \sin rx \, dx = 0$$

が成り立つ。

補題 *3* $f(x)$ は 区間 $(0, c)$ で区分的に連続であり，無限積分

$$\int_0^\infty |f(x)| \, dx$$

が収束し，極限値

$$\lim_{x \to 0+} \frac{f(x) - f(0)}{x} \tag{5.9}$$

が存在するならば

$$\lim_{r\to\infty} \int_0^\infty f(x) \frac{\sin rx}{x} \, dx = \frac{\pi}{2} g(0)$$

が成り立つ。

例題 19 の解答

補題 1 の証明 任意の正の実数 ϵ に対し，

$$|x_1 - x_2| \leq \frac{b-a}{N} \quad \text{ならば} \quad |f(x_1) - f(x_2)| \leq \frac{\epsilon}{2(b-a)}$$

となる正の整数 N が存在する。そこで $h = (b-a)/N$,

$$x_n = a + nh \quad (i = 0, 1, 2, \ldots, N)$$

とすると

$$\int_a^b f(x)\sin rx\,dx = \sum_{n=1}^N \int_{x_{n-1}}^{x_n} f(x)\sin rx\,dx$$
$$= \sum_{n=1}^N \int_{x_{n-1}}^{x_n} [f(x)-f(x_n)]\sin rx\,dx + \sum_{n=1}^N \int_{x_{n-1}}^{x_n} f(x_n)\sin rx\,dx$$

となる．このとき

$$\left|\int_{x_{n-1}}^{x_n}[f(x)-f(x_n)]\sin rx\,dx\right| \le \int_{x_{n-1}}^{x_n}|f(x)-f(x_n)||\sin rx|\,du \le \frac{\epsilon}{2(b-a)}\cdot\frac{b-a}{N}=\frac{\epsilon}{2N}$$

となる．一方，閉区間 $[a,b]$ 内の任意の実数 u に対し，

$$|f(x)|\le M$$

となる正の実数 M が存在する．また，

$$\left|\int_{x_{n-1}}^{x_n}\sin rx\,dx\right|\le\frac{|\cos rx_n|+|\cos rx_{n-1}|}{r}\le\frac{2}{r}$$

より

$$\left|\int_a^b f(x)\sin rx\,du\right|\le\frac{\epsilon}{2}+\frac{2MN}{r}$$

が成り立つ．このとき

$$r\ge\frac{4MN}{\epsilon},$$

ならば

$$\left|\int_a^b f(x)\sin rx\,du\right|\le\frac{\epsilon}{2}+\frac{\epsilon}{2}=\epsilon$$

となる．　　　　　　　　　　　　　　　　　　　　　　　　　　　　　　　　証明終わり

補題 2 の証明　関数 $f(x)$ が閉区間 $(0,c)$ で区分的に連続ならば，$[0,c]$ は，$f(x)$ が各区間で連続な有限個の閉区間に分割される．そこで補題 2 の結論は，補題 1 より導かれる．

　　　　　　　　　　　　　　　　　　　　　　　　　　　　　　　　　　　　証明終わり

補題 3 の証明　任意の正の実数 c に対し，

$$\int_0^c f(x)\frac{\sin rx}{x}\,dx = \int_0^c \frac{f(x)-f(0)}{x}\sin rx\,dx + \int_0^c g(0)\frac{\sin rx}{x}\,dx$$

5.1. 拡散方程式とその解

となる。このとき極限値 (5.9) が存在するならば，補題 1 より

$$\lim_{r\to\infty}\int_0^c \frac{f(x)-f(0)}{x}\sin rx\,dx = 0$$

となる。さらに，

$$\lim_{r\to\infty}\int_0^c f(0)\frac{\sin rx}{x}\,dx = f(0)\lim_{r\to\infty}\int_0^{cr}\frac{\sin x}{x}\,dx = \frac{\pi}{2}f(0)$$

となる。また $c \geq 1$ ならば

$$\left|\int_c^\infty f(x)\frac{\sin rx}{x}\,dx\right| \leq \int_c^\infty |g(x)|\,dx$$

が成り立ち，

$$\left|\int_0^\infty f(x)\frac{\sin rx}{x}\,dx - \frac{\pi}{2}f(0)\right| \leq \left|\int_0^c f(x)\frac{\sin rx}{x}\,dx - \frac{\pi}{2}f(0)\right| + \left|\int_c^\infty f(x)\frac{\sin rx}{x}\,dx\right|$$

$$\leq \left|\int_0^c f(x)\frac{\sin rx}{x}\,du - \frac{\pi}{2}f(0)\right| + \int_c^\infty |f(x)|\,dx$$

となる。任意の正の実数 ϵ に対し，

$$\left|\int_c^\infty |f(x)|\,dx\right| < \frac{\epsilon}{2}$$

となる正の実数 ϵ が存在する。このとき

$$r \geq R \quad \text{ならば} \quad \left|\int_0^c f(x)\frac{\sin rx}{x}\,dx - \frac{\pi}{2}f(0)\right| < \frac{\epsilon}{2}$$

となる正の実数 R が存在する。　　　　　　　　　　　　　　　　　　　　証明終わり

定理 18 の証明

$$I = \int_0^r \int_x^\infty f(s)\cos(\alpha(s-x))\,ds\,d\alpha$$

$$J = \int_0^r \int_{-\infty}^x f(s)\cos(\alpha(s-x))\,ds\,d\alpha$$

とすると

$$\frac{1}{\pi}\int_0^r \int_{-\infty}^\infty f(s)\cos(\alpha(s-x))\,ds\,d\alpha = \frac{1}{\pi}(I+J)$$

となる。一方

$$\int_0^\infty |f(x+u)|\,du = \int_x^\infty |f(s)|\,ds \leq \int_{-\infty}^\infty |f(s)|\,ds$$

より，広義積分
$$\int_0^\infty f(x+u)\cos\alpha u\,du$$
は α に関し一様に収束する。そこで，
$$\lim_{r\to\infty} I = \lim_{r\to\infty}\int_0^\infty\int_0^r f(x+u)\cos(\alpha u)\,d\alpha\,du = \frac{\pi}{2}f(x)$$
となる。同様に
$$\lim_{r\to\infty} J = \frac{\pi}{2}f(x)$$
となる。 証明終わり

次に $x=0$ と $x=c$ において物質の移動はない，また $t=0$ における物質の濃度分布は関数 $f(x)$ $(0<x<c)$ で与えられているとする。このとき1次元拡散方程式は，初期条件と境界条件とともに次の初期値−境界値問題を構成する。

$$u_t(x,t) = ku_{xx}(x,t) \qquad (0<x<c,\,t>0)$$
$$u_x(0,t) = 0,\quad u_x(0,t) = 0 \qquad (t>0)$$
$$u(x,0) = f(x) \qquad (0<x<c)$$

境界条件を考慮すると，式 (5.3) より $X(x)$ に対する境界値問題

$$X''(x) + \lambda X(x) = 0,\quad X'(0) = 0,\quad X'(c) = 0$$

が導かれる。$\lambda = 0$ のとき $X(x) = C$ (C は任意の定数) は境界値問題の解である。この定数を $1/2$ とする。$\lambda > 0$ のとき $\lambda = \alpha^2$ $(\alpha > 0)$ とおくと微分方程式

$$X''(x) + \alpha^2 X(x) = 0$$

は一般解

$$X(x) = c_1\cos\alpha x + c_2\sin\alpha x$$

をもつ。

$$X'(x) = -c_1\sin\alpha x + c_2\cos\alpha x$$

なので境界条件 $X'(0) = 0$ より $c_2 = 0$. 定数 0 でない解を得るためには $c_1 \neq 0$ となるので，もう一つの境界条件 $X'(c) = 0$. より

$$\alpha = \frac{n\pi}{c} \quad (n=1,2,\dots)$$

5.1. 拡散方程式とその解

となり
$$X(x) = c_1 \cos \frac{n\pi x}{c}$$
となる。境界値問題の解 $X_0(x) = 1/2$ に対応する微分方程式の解を $T_0(t) = 1$ とする。また，境界値問題の解 $X_n(x)$ に対応する微分方程式 (5.4) の解を
$$T_n(t) = \exp\left(-\frac{n^2\pi^2 k}{c^2}t\right) \quad (n = 1, 2, \dots)$$
とすると次の解が得られる。
$$u(x,t) = \sum_{n=0}^{\infty} a_n T_n(t) X_n(x) = \frac{a_0}{2} + \sum_{n=1}^{\infty} a_n \exp\left(-\frac{n^2\pi^2 k}{c^2}t\right) \cos\frac{n\pi x}{c}$$

一方，
$$\int_0^c \cos\frac{m\pi x}{c} \cos\frac{n\pi x}{c}\, dx = \begin{cases} 0, & m \neq n \\ \dfrac{c}{2}, & m = n \end{cases}$$

より，初期条件から得られる式
$$\frac{a_0}{2} + \sum_{n=1}^{\infty} a_n \cos\frac{n\pi x}{c} = f(x)$$

の両辺に
$$\cos\frac{m\pi x}{c}$$
をかけて積分することにより
$$a_n = \frac{2}{c}\int_0^c f(x) \cos\frac{n\pi x}{c}\, dx$$
となる。

練習問題 32 次の初期値－境界値問題の解を求めなさい。

1)
$$\begin{aligned} u_t(x,t) &= k u_{xx}(x,t) & (0 < x < c,\ t > 0) \\ u(0,t) &= 0, \quad u(c,t) = 0 & (t > 0) \\ u(x,0) &= f(x) & (0 < x < c) \end{aligned}$$

2)
$$\begin{aligned} u_t(x,t) &= k u_{xx}(x,t) & (0 < x < c,\ t > 0) \\ u(0,t) &= 0, \quad u_x(c,t) = 0 & (t > 0) \\ u(x,0) &= f(x) & (0 < x < c) \end{aligned}$$

5.1.3 Fourier 級数とその性質

任意の実数 x に対して $f(x+P) = f(x)$ が成り立つとき，関数 $f(x)$ は周期的であるといい，また P を $f(x)$ の周期と呼ぶ。周期的な関数と三角関数の関係について考察する。開区間 $(0, \pi)$ に定義された関数 $f(x)$ が与えられたときに次の級数を $f(x)$ に対応する Fourier cosine 級数という。

$$\frac{a_0}{2} + \sum_{n=1}^{\infty} a_n \cos nx \quad \left(a_n = \frac{2}{\pi} \int_0^{\pi} f(x) \cos nx \, dx \right)$$

$f(x)$ と Fourier cosine 級数の対応を

$$f(x) \sim \frac{a_0}{2} + \sum_{n=1}^{\infty} a_n \cos nx$$

で表す。

練習問題 33 次の関数に対応する *Fourier cosine* 級数を求めなさい。

1) $f(x) = x \ (0 < x < \pi)$

2) $f(x) = \sin x \ (0 < x < \pi)$

周期 2π の周期的な偶関数 $f(x)$ が閉区間 $[0, \pi]$ で Fourier cosine 級数に等しいとすると $f(x)$ は任意の x で Fourier cosine 級数に等しい。

開区間 $(0, \pi)$ に定義された関数 $f(x)$ が与えられたときに次の級数を $f(x)$ に対応する Fourier sine 級数という。

$$\sum_{n=1}^{\infty} b_n \sin nx \quad \left(b_n = \frac{2}{\pi} \int_0^{\pi} f(x) \sin nx \, dx \right)$$

$f(x)$ と Fourier sine 級数の対応を

$$f(x) \sim \sum_{n=1}^{\infty} b_n \sin nx$$

で表す。

練習問題 34 次の関数に対応する *Fourier sine* 級数を求めなさい。

1) $f(x) = x \ (0 < x < \pi)$

2) $f(x) = \cos x \ (0 < x < \pi)$

5.1. 拡散方程式とその解

周期 2π の周期的な奇関数 $f(x)$ が閉区間 $[0,\pi]$ で Fourier sine 級数に等しいとすると $f(x)$ は任意の x で Fourier sine 級数に等しい。

周期 2π の周期的な関数 $f(x)$ が与えられたときに

$$g(x) = \frac{f(x) + f(-x)}{2}, \quad h(x) = \frac{f(x) - f(-x)}{2}$$

とすると $g(x)$ と $h(x)$ は周期 2π の周期的な関数で，$g(x)$ は偶関数，$h(x)$ は奇関数で

$$f(x) = g(x) + h(x)$$

となる。$g(x)$ に Fourier cosine 級数，$h(x)$ に Fourier sine 級数を対応させることにより $f(x)$ に対応する次の級数が得られる。

$$f(x) \sim \frac{a_0}{2} + \sum_{n=1}^{\infty} (a_n \cos nx + b_n \sin nx) \quad (-\pi < x < \pi)$$

$$a_n = \frac{1}{\pi} \int_{-\pi}^{\pi} f(x) \cos nx \, dx \quad (n = 0, 1, 2, \ldots)$$

$$b_n = \frac{1}{\pi} \int_{-\pi}^{\pi} f(x) \sin nx \, dx \quad (n = 1, 2, \ldots)$$

Fourier 級数の収束性に関しては次の定理が示されている。

定理 19 関数 $f(x)$ は 2π 周期の周期的な関数で 開区間 $(-\pi, \pi)$ で区分的に連続であるとする。さらに，$f'(x)$ も開区間 $(-\pi, \pi)$ で区分的に連続であるとする。そのときに開区間 $(-\infty, \infty)$ の任意の x に対して $f(x)$ に対応する *Fourier* 級数

$$\frac{a_0}{2} + \sum_{n=1}^{\infty} (a_n \cos nx + b_n \sin nx)$$

$$a_n = \frac{1}{\pi} \int_{-\pi}^{\pi} f(x) \cos nx \, dx \quad (n = 0, 1, 2, \ldots)$$

$$b_n = \frac{1}{\pi} \int_{-\pi}^{\pi} f(x) \sin nx \, dx \quad (n = 1, 2, \ldots)$$

は平均値

$$\frac{f(x+) + f(x-)}{2}$$

に収束する。

定理 20　**1)** 関数 $f(x)$ は周期 $2c$ の周期的な関数で 開区間 $(-c,c)$ で区分的に連続であるとする．さらに，$f'(x)$ も開区間 $(-c,c)$ で区分的に連続であるとする．そのときに開区間 $(-\infty,\infty)$ の任意の x に対して $f(x)$ に対応する *Fourier* 級数

$$\frac{a_0}{2} + \sum_{n=1}^{\infty}\left(a_n \cos\frac{n\pi x}{c} + b_n \sin\frac{n\pi x}{c}\right)$$

$$a_n = \frac{1}{c}\int_{-c}^{c} f(x)\cos\frac{n\pi x}{c}\,dx \quad (n=0,1,2,\dots)$$

$$b_n = \frac{1}{c}\int_{-c}^{c} f(x)\sin\frac{n\pi x}{c}\,dx \quad (n=1,2,\dots)$$

は平均値

$$\frac{f(x+) + f(x-)}{2}$$

に収束する．

2) 関数 $f(x)$ は周期 $2c$ の周期的な偶関数で 開区間 $(0,c)$ で区分的に連続であるとする．さらに，$f'(x)$ も開区間 $(0,c)$ で区分的に連続であるとする．そのときに開区間 $(-\infty,\infty)$ の任意の x に対して $f(x)$ に対応する *Fourier cosine* 級数

$$\frac{a_0}{2} + \sum_{n=1}^{\infty} a_n \cos\frac{n\pi x}{c}$$

$$a_n = \frac{2}{c}\int_{0}^{c} f(x)\cos\frac{n\pi x}{c}\,dx \quad (n=0,1,2,\dots)$$

は平均値

$$\frac{f(x+) + f(x-)}{2}$$

に収束する．

3) 関数 $f(x)$ は周期 $2c$ の周期的な奇関数で 開区間 $(0,c)$ で区分的に連続であるとする．さらに，$f'(x)$ も開区間 $(0,c)$ で区分的に連続であるとする．そのときに開区間 $(-\infty,\infty)$ の任意の x に対して $f(x)$ に対応する *Fourier sine* 級数

$$\sum_{n=1}^{\infty} b_n \sin\frac{n\pi x}{c}$$

5.1. 拡散方程式とその解

$$b_n = \frac{2}{c} \int_0^c f(x) \sin \frac{n\pi x}{c} \, dx \quad (n = 1, 2, \dots)$$

は平均値

$$\frac{f(x+) + f(x-)}{2}$$

に収束する。

5.1.4 １次元拡散方程式の級数解

u_n はある定義域に定義された関数，c_n は定数，関数項級数

$$\sum_{n=1}^{\infty} c_n u_n$$

が定義域内のすべての独立変数に対して収束するものとする。このとき関数項級数は関数

$$u = \sum_{n=1}^{\infty} c_n u_n \tag{5.10}$$

を定義する。この関数の性質について考察する。x を独立変数の一つとする。関数項級数

$$\sum_{n=1}^{\infty} c_n \frac{\partial u_n}{\partial x}$$

が u の x に関する偏導関数

$$\frac{\partial u}{\partial x}$$

に収束するならば，すなわち

$$\frac{\partial u}{\partial x} = \sum_{n=1}^{\infty} c_n \frac{\partial u_n}{\partial x} \tag{5.11}$$

となるとき，u は x に関して微分可能（偏微分可能）であるという。もしも，関数項級数 (5.11) が x に関して微分可能（偏微分可能）であるときに，関数項級数 (5.10) は x に関して２回微分可能（偏微分可能）であるという。

L をある線形同次演算子とする。例として，

$$Lu = u_t - k u_{xx}$$

がある。関数項級数 (5.10) の各項が偏微分方程式

$$Lu_n = 0$$

の解であり，各独立変数に関して必要な回数微分可能であるとき，関数項級数 (5.10) は偏微分方程式

$$Lu = 0$$

の解である。

関数項級数

$$s(x) = \sum_{n=1}^{\infty} f_n(x) \quad (a \leq x \leq b) \tag{5.12}$$

が各点で収束するものとする。

$$S_N(x) = \sum_{n=1}^{N} f(x)$$

とすると

$$s(x) = \lim_{n \to \infty} S_N(x)$$

と表すことができる。任意の正の実数 ϵ に対し，

$$N > N_\epsilon \quad \text{ならば} |s(x) - s_N(x)| < \epsilon \quad (a \leq x \leq b)$$

となる正の整数 N_ϵ が存在するとき，関数項級数 $s(x)$ は一様収束するという。各関数 $f_n(x)$ が連続関数で関数項級数 (5.12) が一様収束するとき，関数項級数 (5.12) は連続関数である。このとき，

$$\int_a^b s(x)\,dx = \sum_{n=1}^{\infty} \int_a^b f_n(x)\,dx$$

また，各関数 $f_n(x)$ と $f(x)$ が連続，

$$\sum_{n=1}^{\infty} f_n'(x)$$

が一様収束するとき，関数項級数 (5.12) は x に関して微分可能である。関数項級数の一様収束に関しては次の定理が示されている。

定理 21 *(Weirstrass M-test)* 正の項の級数

$$\sum_{n=1}^{\infty} M_n$$

が収束し，

$$|f_n(x)| \leq M_n \quad (a \leq x \leq b)$$

ならば関数項級数 *(5.12)* は一様収束する。ただし M_n を正の実数とする。

5.1. 拡散方程式とその解

例 10 $|a_n| \leq M$ となる正の定数 M があるとする。このとき，

$$u(x,t) = \sum_{n=0}^{\infty} a_n u_n(x,t) \tag{5.13}$$

$$u_0(x,t) = \frac{1}{2}, \quad u_n(x,t) = \exp\left(-\frac{n^2\pi^2 k}{c^2}t\right)\cos\frac{n\pi x}{c} \quad (n=1,2,\dots)$$

が偏微分方程式

$$u_t(x,t) = k u_x x(x,t) \quad (0 < x < x,\ t > 0)$$

の解（一般解）であり，境界条件

$$u_x(0,t) = 0,\ u_x(c,t) = 0 \tag{5.14}$$

を満たすことを示す。正の実数 t_0 に対して

$$|a_n u_n(x,t_0)| \leq M \exp\left(-\frac{n^2\pi^2 k}{c^2}t_0\right)$$

が成り立つ。不等式

$$\lim_{n\to\infty}\frac{b_{n+1}}{b_n} < 1$$

が成り立つならば，正の項の級数

$$\sum_{n=1}^{\infty} b_n$$

は収束するという *Cauchy* の判定法により，

$$\sum_{n=0}^{\infty} n^l \exp\left(-\frac{n^2\pi^2 k}{c^2}t_0\right)$$

は l が 0 以上の整数のときに収束する。この結果と *Weirstrass M-test* により $t \geq t_0$ に対して

$$\sum_{n=0}^{\infty} a_n \frac{\partial u_n}{\partial x}(x,t),\quad \sum_{n=0}^{\infty} a_n \frac{\partial^2 u_n}{\partial x^2}(x,t)$$

は閉区間 $[0,c]$ で一様収束する。したがって

$$u(x,t) = \sum_{n=0}^{\infty} a_n u_n(x,t)$$

は x に関して 2 回偏微分可能，t に関して偏微分可能である。さらに，$Lu = u_t - k u_{xx}$ ならば $Lu_n = 0$ なので $Lu = 0$ となる。同様の理由で関数項級数 *(5.13)* は境界条件 *(5.14)* を満たす。

初期値−境界値問題

$$u_t(x,t) = k u_{xx}(x,t) \quad (0 < x < c,\, t > 0) \tag{5.15}$$

$$u_x(0,t) = 0, \quad u_x(0,t) = 0 \quad (t > 0) \tag{5.16}$$

$$u(x,0) = f(x) \quad (0 < x < c) \tag{5.17}$$

の解として導かれた関数項級数

$$u(x,t) = \frac{a_0}{2} + \sum_{n=1}^{\infty} a_n \exp\left(-\frac{n^2 \pi^2 k}{c^2} t\right) \cos n\pi x c \tag{5.18}$$

$$a_n = \frac{2}{c} \int_0^c f(x) \cos \frac{n\pi x}{x}\, dx$$

に関しては，

$$|a_n| \leq \frac{2}{c} \int_0^c |f(x)| \left|\cos \frac{n\pi x}{x}\right| dx \leq \frac{2}{c} \int_0^c |f(x)|\, dx$$

より

$$M = \frac{2}{c} \int_0^c |f(x)|\, dx$$

とする。

関数項級数 (5.18) は偏微分方程式 (5.15) の解であり，境界条件 (5.16) を満たす。また，$t = 0$ のときに

$$u(x,0) = \frac{a_0}{2} + \sum_{n=1}^{\infty} a_n \cos \frac{n\pi x}{c}$$

は $f(x)$ の Fourier cosine 級数なので，$f(x)$ が連続で，$f(x)$ が区分的に連続ならば $f(x)$ に収束する。したがって，偏微分方程式の解として初期条件を満たすことを示すには，次の定理 22 に示す Abel の判定法を用いて

$$u(x, 0+) = f(x) \quad (0 < x < c)$$

となることを示せばよい。

定理 22 *(Abelの判定法)* R を x, t 平面上のある領域とする。もしも $(x,t) \in R$ となるすべての x に対して

$$\sum_{n=1}^{\infty} X_n(x)$$

が一様収束し，すべての t に対して $T_n(t)$ が有界で n に関して単調減少するときに

$$\sum_{n=1}^{\infty} X_n(x) T_n(t)$$

は一様収束する。

5.2 波動方程式とその解

5.2.1 1次元波動方程式

x 軸に沿って張られた弦が x, y 平面上で振動し，位置 x, 時間 t での平衡状態 $y = 0$ からの弦の変位は $y = u(x, t)$ とする。さらに

$$\Gamma = \{(\xi, u(\xi, t)) \mid x \leq \xi \leq x + h\}$$

とする。位置 x で Γ に作用する張力の x 成分を H_x，y 成分を V_x とするとき，式

$$u_x(x, t) = -\frac{V_x}{H_x}$$

が成り立つとする。同様に，位置 $x + h$ で Γ に作用する張力の x 成分を H_{x+h}，y 成分を V_{x+h} とするとき，式

$$u_x(x + h, t) = \frac{V_{x+\Delta x}}{H_{x+\Delta x}}$$

が成り立つとする。$u_x(x, t)$ が十分小さい場合には H_x は一定であると仮定できる。この定数を H とする。また，1単位の長さ当たりの弦の質量を ρ とすると，Γ の質量は $\rho \Delta x$ で近似される。したがって，ニュートンの運動法則より

$$\rho h u_{tt}(x, t) = -H u_x(x, t) + H u_x(x + h, t)$$

となる。式

$$\lim_{h \to 0} \frac{u_x(x + h, t) - u_x(x, t)}{h} = u_{xx}(x, t)$$

より，

$$u_{tt} = c^2 u_{xx} \tag{5.19}$$

となる。ただし

$$c = \sqrt{\frac{H}{\rho}}$$

とする。偏微分方程式 (5.19) を1次元波動方程式という。

5.2.2 2階偏微分方程式の変数変換

1次元波動方程式の解を求める方法について考察する。そのためまず，変数変換について考察する。次の補題は合成関数の微分法により導かれる。

補題 4 関数 $F(\xi, \eta)$, $g(x,y)$, $h(x,y)$ が与えられたとき関数 $f(x,y)$ を式

$$f(x,y) = F(g(x,y), h(x,y))$$

で定義する。このとき

$$\frac{\partial f}{\partial x} = \frac{\partial F}{\partial \xi}\frac{\partial g}{\partial x} + \frac{\partial F}{\partial \eta}\frac{\partial h}{\partial x}$$

$$\frac{\partial f}{\partial y} = \frac{\partial F}{\partial \xi}\frac{\partial g}{\partial y} + \frac{\partial F}{\partial \eta}\frac{\partial h}{\partial y}$$

$$\frac{\partial^2 f}{\partial x^2} = \frac{\partial^2 F}{\partial \xi^2}\left(\frac{\partial g}{\partial x}\right)^2 + 2\frac{\partial^2 F}{\partial \xi \partial \eta}\cdot\frac{\partial g}{\partial x}\cdot\frac{\partial h}{\partial x} + \frac{\partial^2 F}{\partial \eta^2}\left(\frac{\partial h}{\partial x}\right)^2 + \frac{\partial F}{\partial \xi}\frac{\partial^2 g}{\partial x^2} + \frac{\partial F}{\partial \eta}\frac{\partial^2 h}{\partial x^2}$$

$$\frac{\partial^2 f}{\partial x \partial y} = \frac{\partial^2 F}{\partial \xi^2}\cdot\frac{\partial g}{\partial x}\cdot\frac{\partial g}{\partial y} + \frac{\partial^2 F}{\partial \xi \partial \eta}\left(\frac{\partial g}{\partial x}\cdot\frac{\partial h}{\partial y} + \frac{\partial g}{\partial y}\cdot\frac{\partial h}{\partial x}\right) + \frac{\partial^2 F}{\partial y^2}\frac{\partial h}{\partial x}\cdot\frac{\partial h}{\partial y}$$
$$+ \frac{\partial F}{\partial \xi}\frac{\partial^2 g}{\partial x \partial y} + \frac{\partial F}{\partial \eta}\frac{\partial^2 h}{\partial x \partial y}$$

$$\frac{\partial^2 f}{\partial y^2} = \frac{\partial^2 F}{\partial \xi^2}\left(\frac{\partial g}{\partial y}\right)^2 + 2\frac{\partial^2 F}{\partial \xi \partial \eta}\cdot\frac{\partial g}{\partial y}\cdot\frac{\partial h}{\partial y} + \frac{\partial^2 F}{\partial \eta^2}\left(\frac{\partial h}{\partial y}\right)^2 + \frac{\partial F}{\partial \xi}\frac{\partial^2 g}{\partial y^2} + \frac{\partial F}{\partial \eta}\frac{\partial^2 h}{\partial y^2}$$

となる。ただし，2階偏導関数は偏微分の順序には無関係であるとする。

例題 20 関数 $F(\xi, \eta)$ が与えられたとき関数 $F(x,y)$ を式

$$f(x,y) = F(px + qy, rx + sy)$$

で定義する。ただし p, q, r, s を定数とする。このとき

$$\frac{\partial f}{\partial x}, \quad \frac{\partial f}{\partial y}, \quad \frac{\partial^2 f}{\partial x^2}, \quad \frac{\partial^2 f}{\partial x \partial y}, \quad \frac{\partial^2 f}{\partial y^2}$$

を

$$\frac{\partial F}{\partial \xi}, \quad \frac{\partial F}{\partial \eta}, \quad \frac{\partial^2 F}{\partial \xi^2}, \quad \frac{\partial^2 F}{\partial \xi \partial \eta}, \quad \frac{\partial^2 F}{\partial \eta^2}$$

の式で表しなさい。ただし，2階偏導関数は偏微分の順序には無関係であるとする。

例題 20 の解答 $g(x,y) = px + qy$, $h(x,y) = rx + sy$ とすると

$$\frac{\partial g}{\partial x} = p, \quad \frac{\partial g}{\partial y} = q, \quad \frac{\partial h}{\partial x} = r, \quad \frac{\partial h}{\partial y} = s$$

5.2. 波動方程式とその解

であり，また g と h の 2 階偏導関数は 0 となる．そこで補題 4 より

$$\frac{\partial f}{\partial x} = p\frac{\partial F}{\partial \xi} + r\frac{\partial F}{\partial \eta}$$

$$\frac{\partial f}{\partial y} = q\frac{\partial F}{\partial \xi} + s\frac{\partial F}{\partial \eta}$$

$$\frac{\partial^2 f}{\partial x^2} = p^2\frac{\partial^2 F}{\partial \xi^2} + 2pr\frac{\partial^2 F}{\partial \xi \partial \eta} + r^2\frac{\partial^2 F}{\partial \eta^2}$$

$$\frac{\partial^2 f}{\partial x \partial y} = pq\frac{\partial^2 F}{\partial \xi^2} + (ps+qr)\frac{\partial^2 F}{\partial \xi \partial \eta} + rs\frac{\partial^2 F}{\partial \eta^2}$$

$$\frac{\partial^2 f}{\partial y^2} = q^2\frac{\partial^2 F}{\partial \xi^2} + 2qs\frac{\partial^2 F}{\partial \xi \partial \eta} + s^2\frac{\partial^2 F}{\partial \eta^2}$$

となる．

例題 21 関数 $u(x,t)$ は波動方程式の解であり，

$$u(x,t) = U(px+qt, rx+st) \tag{5.20}$$

ならば

$$\frac{\partial^2 U}{\partial \xi \partial \eta} = 0 \tag{5.21}$$

となる定数 p, q, r, s を求めなさい．

例題 21 の解答 例題 20 より

$$\frac{\partial^2 u}{\partial x^2} = p^2\frac{\partial^2 U}{\partial \xi^2} + 2pr\frac{\partial^2 U}{\partial \xi \partial \eta} + r^2\frac{\partial^2 U}{\partial \eta^2}$$

$$\frac{\partial^2 u}{\partial t^2} = q^2\frac{\partial^2 U}{\partial \xi^2} + 2qs\frac{\partial^2 U}{\partial \xi \partial \eta} + s^2\frac{\partial^2 U}{\partial \eta^2}$$

となり，1 次元波動方程式

$$c^2\frac{\partial^2 u}{\partial x^2} - \frac{\partial^2 u}{\partial t^2} = 0$$

より

$$\left(c^2p^2 - q^2\right)\frac{\partial^2 U}{\partial \xi^2} + 2\left(c^2pr - qs\right)\frac{\partial^2 U}{\partial \xi \partial \eta} + \left(c^2r^2 - s^2\right)\frac{\partial^2 U}{\partial \eta^2} = 0$$

が成り立つ．そこで $p \neq 0$, $q = -cp$, $r \neq 0$, $s = cr$ とすると

$$c^2p^2 - q^2 = 0, \quad c^2pr - qs = 2c^2pr \neq 0, \quad c^2r^2 - s^2 = 0$$

より，式 (5.21) が成り立つ．特に $p = 1$, $r = 1$ のとき式 (5.20) は

$$u(x,t) = U(x-ct, x+ct) \tag{5.22}$$

となる．このとき関数 $U(\xi, \eta)$ は式 (5.21) を満たす．

5.2.3　一般解と初期値問題の解

例題 21 より $u(x,t)$ が波動方程式の解であり，式 (5.22) が成り立つならば関数 $U(\xi,\eta)$ は偏微分方程式 (5.21) の解となる。一方任意の関数 $\phi(\xi)$ と $\psi(\eta)$ に対して

$$U(\xi,\eta) = \phi(\xi) + \psi(\eta)$$

とおくと，$U(\xi,\eta)$ は偏微分方程式 (5.21) の解となる。したがって

$$u(x,t) = \phi(x-ct) + \psi(x+ct)$$

は 1 次元波動方程式の解となる。以上の結果を次の定理にまとめる。

定理 23 任意の関数 $\phi(\xi)$ と $\psi(\eta)$ に対して

$$u(x,t) = \phi(x-ct) + \psi(x+ct) \tag{5.23}$$

とおくと，$u(x,t)$ は 1 次元波動方程式 *(5.19)* の解である。

任意の関数 $\phi(\xi)$ と $\psi(\eta)$ に対して，式 (5.23) で定義される関数 $u(x,t)$ は 1 次元波動方程式の解となる。これに対して 1 次元波動方程式の初期値問題

$$\begin{aligned} u_{tt}(x,t) &= c^2 u_{xx}(x,t) \quad (-\infty < x < \infty,\ t > 0) \\ u(x,0) &= f(x) \quad (-\infty < x < \infty) \\ u_t(x,0) &= g(x) \quad (-\infty < x < \infty) \end{aligned} \tag{5.24}$$

の解を求めるためには，式 (5.23) で定義される関数 $u(x,t)$ が初期条件を満たす関数 $\phi(\xi)$ と $\psi(\eta)$ を特定することになる。

定理 24 式

$$u(x,t) = \frac{1}{2}\{f(x-ct) + f(x+ct)\} + \frac{1}{2c}\int_{x-ct}^{x+ct} g(s)\,ds$$

で表される関数 $u(x,t)$ は，1 次元波動方程式の初期値問題 *(5.24)* の解である。この解は *D'Alembert* の解と呼ばれる。

定理 24 の証明　関数 $u(x,t)$ を式 (5.23) で定義するならば，初期条件より

$$\phi(x) + \psi(x) = f(x) \tag{5.25}$$

となる。一方

$$u_t(x,t) = -c\phi'(x-ct) + c\psi'(x+ct)$$

5.2. 波動方程式とその解

より，

$$-c\phi'(x) + c\psi'(x) = g(x)$$

が成り立つ。この式より

$$-\phi(x) + \psi(x) = \frac{1}{c}\int_a^x g(s)\,ds + b \tag{5.26}$$

となる。ただし a と b を任意の定数とする。式 (5.25) と (5.26) より

$$\phi(x) = \frac{1}{2}\left\{f(x) - \frac{1}{c}\int_a^x g(s)\,ds - b\right\}$$

$$\psi(x) = \frac{1}{2}\left\{f(x) + \frac{1}{c}\int_a^x g(s)\,ds + b\right\}$$

となる。したがって

$$\begin{aligned}u(x,t) &= \phi(x-ct) + \psi(x+ct) \\ &= \frac{1}{2}\left\{f(x-ct) - \frac{1}{c}\int_a^{x-ct} g(s)\,ds - b\right\} \\ &\quad + \frac{1}{2}\left\{f(x+ct) + \frac{1}{c}\int_a^{x+ct} g(s)\,ds + b\right\} \\ &= \frac{1}{2}\{f(x-ct) + f(x+ct)\} + \frac{1}{2c}\int_{x-ct}^{x+ct} g(s)\,ds\end{aligned}$$

となる。　　　　　　　　　　　　　　　　　　　　　　　　　　　証明終わり

練習問題 35 関数 $f(x)$ は，式

$$f(x) = \begin{cases} 0, & x < a \\ \dfrac{b}{a}(x+a), & -a \leq x < 0 \\ -\dfrac{b}{a}(x-a), & 0 \leq x < a \\ 0, & x \geq a \end{cases}$$

で定義され，$g(x) = 0 \ (-\infty < x < \infty)$ とする。このとき初期値問題 *(5.24)* の解を求めなさい。

5.2.4 波動方程式の初期値－境界値問題と Fourier 級数解

長さ l の弦が両端 $x=0$, $x=l$ で $y=0$ に固定されている場合を考える。また，初期の変位 $u(x,0)$ と初期の速度 $u_t(x,t)$ がそれぞれ関数 $f(x)$ と $g(x)$ で定められているとする。このときに次の 1 次元波動方程式の初期値－境界値問題が導かれる。

$$u_{tt}(x,t) = a^2 u_{xx}(x,t) \qquad (0 < x < l,\ t > 0) \tag{5.27}$$

$$u(0,t) = 0, \quad u(l,t) = 0 \qquad (t > 0) \tag{5.28}$$

$$u(x,0) = f(x), \quad u_t(x,0) = g(x) \qquad (0 < x < l) \tag{5.29}$$

拡散方程式の場合同様 $u(x,t) = X(x)T(t)$ とおくと，$X(x)$ に関する境界値問題

$$X''(x) + \lambda X(x) = 0, \quad X(0) = X(l) = 0$$

と $T(t)$ に関する微分方程式

$$T''(t) + \lambda a^2 T(x) = 0,$$

$X(x)$ に関する境界値問題の自明でない解は

$$\lambda = \frac{n^2 \pi^2}{l^2} \quad (n = 1, 2, \dots)$$

のとき

$$X(x) = \sin \frac{n\pi x}{l}$$

である。このとき

$$T(t) = c_1 \cos \frac{an\pi t}{l} + c_2 \sin \frac{an\pi t}{l}$$

であり，

$$u(x,t) = \sum_{n=1}^{\infty} \sin \frac{n\pi x}{l} \left(\alpha_n \cos \frac{an\pi t}{l} + \beta_n \sin \frac{an\pi t}{l} \right)$$

となる。さらに，初期条件より

$$\alpha_n = \frac{2}{l} \int_0^l f(x) \sin \frac{n\pi x}{l}, \quad \beta_n = \frac{2}{an\pi} \int_0^l g(x) \sin \frac{n\pi x}{l}$$

となる。

練習問題 36 次の初期値－境界値問題の *Fourier* 級数解を求めなさい。

$$u_{tt}(x,t) = a^2 u_{xx}(x,t) \qquad (0 < x < l,\ t > 0)$$

$$u(0,t) = 0, \quad u_x(l,t) = 0 \qquad (t > 0)$$

$$u(x,0) = f(x), \quad u_t(x,0) = g(x) \qquad (0 < x < l)$$

5.3 流体の運動

5.3.1 連続の方程式

流体で満たされた空間を想定し，$\rho = \rho(x,y,z,t)$, $p = p(x,y,z,t)$, $\boldsymbol{v} = \boldsymbol{v}(x,y,z,t)$ をそれぞれ流体の密度，圧力，速度とする．ただし，(x,y,z) は空間座標，t は時間を表す．直方体

$$R = \{(x,y,z) \,|\, x_0 \leq x \leq x_1, y_0 \leq y \leq y_1, z_0 \leq z \leq z_1\} \tag{5.30}$$

における物質の総質量は積分

$$\iiint_R \rho \, dx \, dy \, dz$$

であり，その変化速度

$$\frac{d}{dt} \iiint_R \rho \, dx \, dy \, dz = \iiint_R \frac{\partial \rho}{\partial t} \, dx \, dy \, dz$$

は，R における単位時間当たりの質量の増加量と減少量の差に等しい．平面 $x = x_0$ を通過して単位時間当たりに R に流入する流体の質量は

$$\int_{z_0}^{z_1} \int_{y_0}^{y_1} \rho(x_0, y, z, t) \, u(x_0, y, z, t) \, dy \, dz$$

であり，平面 $x = x_1$ を通過して単位時間当たりに R から流出する物質の質量は

$$\int_{z_0}^{z_1} \int_{y_0}^{y_1} \rho(x_1, y, z, t) \, u(x_1, y, z, t) \, dy \, dz$$

で与えられる．したがって x 軸に垂直な平面を通過する流体の質量の増加量と減少量の差は

$$\int_{z_0}^{z_1} \int_{y_0}^{y_1} \rho(x_0, y, z, t) \, u(x_0, y, z, t) \, dy \, dz - \int_{z_0}^{z_1} \int_{y_0}^{y_1} \rho(x_1, y, z, t) \, u(x_1, y, z, t) \, dy \, dz$$

$$= -\iiint_R \frac{\partial (\rho u)}{\partial x} \, dx \, dy \, dz$$

となる．同様に y 軸と z 軸に垂直な平面を通過する質量の増加量と減少量の差は，それぞれ

$$-\iiint_R \frac{\partial (\rho v)}{\partial y} \, dx \, dy \, dz, \quad -\iiint_R \frac{\partial (\rho w)}{\partial z} \, dx \, dy \, dz$$

となる．これら増加量と減少量の差の総和が R 内の総質量の変化速度に等しいので，

$$\iiint_R \left(\frac{\partial \rho}{\partial t} + \mathrm{div}\,(\rho \boldsymbol{v}) \right) dx \, dy \, dz = 0$$

となる。ただし

$$\mathrm{div}\,(\rho \boldsymbol{v}) = \frac{\partial (\rho u)}{\partial x} + \frac{\partial (\rho v)}{\partial y} + \frac{\partial (\rho w)}{\partial z}$$

とする。この式が任意の直方体 R に対して成り立つので

$$\frac{\partial \rho}{\partial t} + \mathrm{div}\,(\rho \boldsymbol{v}) = 0 \tag{5.31}$$

となる。この偏微分方程式は連続の方程式と呼ばれる。

この式は，

$$\frac{d}{dt} = \frac{\partial}{\partial t} + (\boldsymbol{v} \cdot \mathbf{grad}) \tag{5.32}$$

とすると，

$$\frac{d\rho}{dt} + \rho\,\mathrm{div}\,\boldsymbol{v} = 0 \tag{5.33}$$

と表すことができる。密度が一定な流れを非圧縮性の流れと呼ぶ。非圧縮性の流れでは，連続の式 (5.33) は

$$\mathrm{div}\,\boldsymbol{v} = 0 \tag{5.34}$$

となる。

5.3.2　理想流体の運動方程式

圧力により，平面 $x = x_0$ を通して直方体 R (5.30) に作用する力は

$$\int_{z_0}^{z_1}\!\!\int_{y_0}^{y_1} p(x_0, y, z, t)\, dy\, dz$$

であり，平面 $x = x_1$ を通して直方体 R (5.30) に作用する力は

$$-\int_{z_0}^{z_1}\!\!\int_{y_0}^{y_1} p(x_1, y, z, t)\, dy\, dz$$

で与えられる。したがって圧力により，x 軸に垂直な面を通して直方体に作用する力は

$$-\int_{z_0}^{z_1}\!\!\int_{y_0}^{y_1} p(x_1, y, z, t)\, dy\, dz + \int_{z_0}^{z_1}\!\!\int_{y_0}^{y_1} p(x_0, y, z, t)\, dy\, dz$$

$$= -\int_{z_0}^{z_1}\!\!\int_{y_0}^{y_1} \{p(x_1, y, z, t) - p(x_0, y, z, t)\}\, dy\, dz$$

$$= -\int_{z_0}^{z_1}\!\!\int_{y_0}^{y_1}\!\!\int_{x_0}^{x_1} \frac{\partial p}{\partial x}\, dx\, dy\, dz$$

$$= -\iiint_R \frac{\partial p}{\partial x}\, dx\, dy\, dz$$

5.3. 流体の運動

となる。同様に、圧力により y 軸と z 軸に垂直な面を通して直法体 R に作用する力は、それぞれ

$$-\iiint_R \frac{\partial p}{\partial y}\,dx\,dy\,dz, \quad -\iiint_R \frac{\partial p}{\partial z}\,dx\,dy\,dz$$

となる。したがって圧力により直方体 R に作用する力は

$$-\iiint_R \left(\frac{\partial p}{\partial x}\boldsymbol{e}_1 + \frac{\partial p}{\partial x}\boldsymbol{e}_2 + \frac{\partial p}{\partial x}\boldsymbol{e}_3\right)dx\,dy\,dz = -\iiint_R \mathbf{grad}\,p\,dx\,dy\,dz$$

となる。

この式は、$\mathbf{grad}\,p$ が直方体 R 上で一定ならば、R に作用する力は R の体積と $\mathbf{grad}\,p$ との積であることを示している。したがって、流体中の単位体積には $-\mathbf{grad}\,p$ という力が作用している。一方、単位体積中の質量は ρ なのでニュートンの運動法則により

$$\rho\frac{d\boldsymbol{v}}{dt} = -\mathbf{grad}\,p$$

となる。流体粒子の加速度

$$\frac{d\boldsymbol{v}}{dt}$$

は空間中で運動する流体粒子の速度の変化率を表すが、式 (5.32) により、固定点での流体の速度変化を表す式に変換できる。したがって、運動方程式は

$$\frac{\partial \boldsymbol{v}}{\partial t} + (\boldsymbol{v}\cdot\mathbf{grad})\,\boldsymbol{v} = -\frac{1}{\rho}\mathbf{grad}\,p$$

となる。この式は、Euler の方程式と呼ばれる。流体に重力のような外力が作用するとき、Euler の方程式は

$$\frac{\partial \boldsymbol{v}}{\partial t} + (\boldsymbol{v}\cdot\mathbf{grad})\,\boldsymbol{v} = -\frac{1}{\rho}\mathbf{grad}\,p + \boldsymbol{g}$$

となる。ただし、$\boldsymbol{g}$ は外力を表す。このような運動方程式に従う流体を理想流体という。

速度を $\boldsymbol{v} = (v_1, v_2, v_3)$ と成分で表す。また、座標を (x_1, x_2, x_3) とする。ここで、一つの項に二度繰り返される添え字が現れるときは、その項を添え字に 1, 2, 3 と代入して得られる和とする (総和記号)。総和記号を用いると連続の方程式は

$$\frac{\partial \rho}{\partial t} = -\frac{\partial(\rho v_k)}{\partial x_k}$$

となる。Euler の方程式は

$$\frac{\partial v_i}{\partial t} = -v_k\frac{\partial v_i}{\partial x_k} - \frac{1}{\rho}\frac{\partial p}{\partial x_i} \quad (i = 1, 2, 3)$$

あるいは
$$\rho\left(\frac{\partial v_i}{\partial t} + v_k \frac{\partial v_i}{\partial x_k}\right) = -\frac{\partial p}{\partial x_i} \tag{5.35}$$
となり，さらに
$$\frac{\partial(\rho v_i)}{\partial t} = \frac{\partial \rho}{\partial t} v_i + \rho \frac{\partial v_i}{\partial t} = -\frac{\partial(\rho v_k)}{\partial x_k} v_i - \rho v_k \frac{\partial v_i}{\partial x_k} - \frac{\partial p}{\partial x_i} = -\frac{\partial p}{\partial x_i} - \frac{\partial}{\partial x_k}(\rho v_i v_k)$$
となる。そこで
$$\delta_{ik} = \begin{cases} 1, & i = k \\ 0, & i \neq k \end{cases}$$
とすると
$$\frac{\partial p}{\partial x_i} = \delta_{ik} \frac{\partial p}{\partial x_k}$$
より
$$\frac{\partial(\rho v_i)}{\partial t} = -\frac{\partial \Pi_{ik}}{\partial x_k} \tag{5.36}$$
となる。ただし
$$\Pi_{ik} = p\delta_{ik} + \rho v_i v_k$$
とする。式 (5.36) の両辺を V 上で積分すると
$$\frac{\partial}{\partial t}\int_V \rho v_i \, dV = -\int_V \frac{\partial \Pi_{ik}}{\partial x_k} \, dV = -\int_S \Pi_{ik} n_k \, dS$$
ただし $\boldsymbol{n} = (n_1, n_2, n_3)$ は閉曲面 S の外向き（単位）法線ベクトルを表す。式
$$\frac{\partial}{\partial t}\int_V \rho v_i \, dV = -\int_S \Pi_{ik} n_k \, dS$$
の左辺は V 内における運動量の x_i 成分の変化率，右辺は S を通って単位時間に流入する運動量を表す。したがって Π_{ik} は x_k 軸に垂直な単位面積を通り，単位時間に流入する運動量の x_i 成分を表し，運動量流束密度テンソルという。

5.3.3 粘性流体の運動方程式

理想流体に対し，粘性流体では，内部摩擦によるエネルギーの散逸を考慮に入れ，運動量流束密度テンソルを
$$\Pi_{ik} = p\delta_{ik} + \rho v_i v_k - \sigma'_{ik}$$

5.3. 流体の運動

とおく。
$$\sigma_{ik} = -p\delta_{ik} + \sigma'_{ik}$$
とすると。
$$\Pi_{ik} = -\sigma_{ik} + \rho v_i v_k$$

となる。σ_{ik} をストレステンソル，σ'_{ik} を粘性ストレステンソルという。σ_{ik} は運動する流体によって直接運ばれる運動量 $\rho v_i v_k$ 以外の運動量流束を表す。内部摩擦は隣接する二つの部分間の相対運動により生じる。したがって σ'_{ik} は，速度の x_1, x_2, x_3 に関する偏導関数の関数であると想定される。特に，速度変化が小さいとき σ'_{ik} は偏導関数

$$\frac{\partial v_j}{\partial x_l}$$

の1次関数であると想定される。速度が一定のとき $\sigma'_{ik} = 0$ となるので，この1次関数の定数項は 0 である。また，速度 $\boldsymbol{v}$ が，定数ベクトル $\boldsymbol{\omega} = (\omega_1, \omega_2, \omega_3)$ と位置ベクトル $\boldsymbol{r} = (x_1, x_2, x_3)$ のクロス積

$$\boldsymbol{v} = \boldsymbol{\omega} \times \boldsymbol{r}$$

で表されるならば，
$$\frac{\partial v_i}{\partial x_k} + \frac{\partial v_k}{\partial x_i} = 0$$

が成り立つ。さらに，このとき
$$\operatorname{div} \boldsymbol{v} = 0$$

となる。一方，速度 $\boldsymbol{v}$ が $\boldsymbol{v} = \boldsymbol{\Omega} \times \boldsymbol{r}$ で表されるときに，流体の運動は一様回転なので，このときも $\sigma'_{ik} = 0$ となる。以上の条件を満たす一般的なテンソルは次の式で表される。

$$\sigma'_{ik} = a\left(\frac{\partial v_i}{\partial x_k} + \frac{\partial v_k}{\partial x_i}\right) + b\delta_{ik}\frac{\partial v_l}{\partial x_l}$$

この式を
$$\sigma'_{ik} = \mu\left(\frac{\partial v_i}{\partial x_k} + \frac{\partial v_k}{\partial x_i} - \frac{2}{3}\delta_{ik}\frac{\partial v_l}{\partial x_l}\right) + \lambda\delta_{ik}\frac{\partial v_l}{\partial x_l}$$

と変形し，Euler の方程式 (5.35) の右辺に
$$\frac{\partial \sigma'_{ik}}{\partial x_k}$$

を加えると次の粘性流体の運動方程式となる。

$$\rho\left(\frac{\partial v_i}{\partial t} + v_k\frac{\partial v_i}{\partial x_k}\right) = -\frac{\partial p}{\partial x_i} + \frac{\partial}{\partial x_k}\left\{\mu\left(\frac{\partial v_i}{\partial x_k} + \frac{\partial v_k}{\partial x_i} - \frac{2}{3}\delta_{ik}\frac{\partial v_l}{\partial x_l}\right)\right\} + \frac{\partial}{\partial x_i}\left(\lambda\frac{\partial v_l}{\partial x_l}\right) \tag{5.37}$$

練習問題 37 μ と λ が定数のとき

$$\sigma'_{ik} = \mu \frac{\partial^2 v_i}{\partial x_k \partial x_k}\left(\lambda + \frac{1}{3}\mu\right) + \frac{\partial}{\partial x_i}\frac{\partial v_l}{\partial x_l}$$

このとき粘性流体の運動方程式 *(5.37)* は

$$\rho\left[\frac{\partial \boldsymbol{v}}{\partial t} + (\boldsymbol{v}\cdot\mathrm{grad})\boldsymbol{v}\right] = -\mathrm{grad}\,p + \mu\Delta\boldsymbol{v} + \left(\lambda + \frac{1}{3}\mu\right)\mathrm{grad}\,\mathrm{div}\,\boldsymbol{v} \tag{5.38}$$

となることを示しなさい．さらに，非圧縮性の流れでは運動方程式 *(5.38)* は

$$\frac{\partial \boldsymbol{v}}{\partial t} + (\boldsymbol{v}\cdot\mathrm{grad})\boldsymbol{v} = -\frac{1}{\rho}\mathrm{grad}\,p + \frac{\mu}{\rho}\Delta\boldsymbol{v} \tag{5.39}$$

となることを示しなさい．非圧縮性の粘性流体の運動方程式 *(5.39)* は *Navier-Stokes* の方程式と呼ばれる．

5.4 大気の運動の数理解析

　空気や水の運動に対して，地球表面に直交座標系を設定して連続の方程式や運動方程式を適用する場合，地球の自転によって生じる見かけの力であるコリオリの力と呼ばれる外力を考慮する場合がある．本節では，気圧傾度力とコリオリの力の釣り合いによって生じる地衡風について考察する．

5.4.1 コリオリの力

　空間に固定した座標系の座標軸を x 軸，y 軸，z 軸として，座標軸方向の単位ベクトルを，それぞれ $\boldsymbol{i}, \boldsymbol{j}, \boldsymbol{k}$ とする．この座標系に対して，回転する座標系の座標軸を x_1 軸，x_2 軸，x_3 軸として，座標軸方向の単位ベクトルをそれぞれ $\boldsymbol{e}_1, \boldsymbol{e}_2, \boldsymbol{e}_3$ とする．物体の位置ベクトル $\boldsymbol{r}$ は，それぞれの座標で表すことができる．

$$\boldsymbol{r} = x\boldsymbol{i} + y\boldsymbol{j} + z\boldsymbol{k} = x_1\boldsymbol{e}_1 + x_2\boldsymbol{e}_2 + x_3\boldsymbol{e}_3 = \sum_{i=1}^{3} x_i \boldsymbol{e}_i$$

物体の位置が時間の関数として変化するとき，その導関数は速度を表す．

$$\dot{\boldsymbol{r}} = \sum_{i=1}^{3} \dot{x}_i \boldsymbol{e}_i + \sum_{i=1}^{3} x_i \dot{\boldsymbol{e}}_i \tag{5.40}$$

この式の右辺第 1 項は回転系で観測される物体の速度であり，これを $\boldsymbol{v}_M$ で表す．すなわち

$$\boldsymbol{v}_M = \sum_{i=1}^{3} \dot{x}_i \boldsymbol{e}_i \tag{5.41}$$

5.4. 大気の運動の数理解析

とする。一方

$$e_i \cdot e_i = 1,$$

であり

$$e_i \cdot e_j = 0, \quad i \neq j$$

が成り立つので，

$$e_i \cdot \dot{e}_i = 0$$
$$\dot{e}_i \cdot e_j + e_i \cdot \dot{e}_j = 0 \quad (i \neq j)$$

となる。したがって

$$\dot{e}_i = A_{ij}e_j + A_{ik}e_k \tag{5.42}$$

となる A_{ij} と A_{ik} がある。

例題 22

$$A_{ij} = -A_{ji}$$

となることを示しなさい。

例題 22 の解答 式

$$\dot{e}_i \cdot e_j + e_i \cdot \dot{e}_j = 0, \quad i \neq j$$

より

$$A_{ij} = \dot{e}_i \cdot e_j = -e_i \cdot \dot{e}_j = -\dot{e}_j \cdot e_i = -A_{ji}$$

となる。

ここで

$$\omega_3 = A_{12}, \quad \omega_1 = A_{23}, \quad \omega_2 = A_{31} \tag{5.43}$$

とすると，式 (5.42) と (5.43) より式 (5.40) の右辺第 2 項は次の式で表される。

$$\sum_{i=1}^{3} x_i \dot{e}_i = x_1 (\omega_3 e_2 - \omega_2 e_3) + x_2 (\omega_1 e_3 - \omega_3 e_1) + x_3 (\omega_2 e_1 - \omega_1 e_2) = \boldsymbol{\omega} \times \boldsymbol{r}$$

ただし

$$\boldsymbol{\omega} = \omega_1 e_1 + \omega_2 e_2 + \omega_3 e_3 \tag{5.44}$$

とする。このとき，式 (5.40) は

$$\dot{\bm{r}} = \bm{v}_M + \bm{\omega} \times \bm{r} \tag{5.45}$$

となる。

式 (5.40) をさらに微分すると

$$\ddot{\bm{r}} = \sum_{i=1}^{3} \ddot{x}_i \bm{e}_i + 2 \sum_{i=1}^{3} \dot{x}_i \dot{\bm{e}}_i + \sum_{i=1}^{3} x_i \ddot{\bm{e}}_i \tag{5.46}$$

この式の右辺第 1 項は回転系で観測される加速度であり，これを $\bm{\alpha}_M$ で表す。

例題 23 式 *(5.46)* の右辺第 2 項と第 3 項は，それぞれ $2\bm{\omega} \times \bm{v}_M$ と $\bm{\omega} \times (\bm{\omega} \times \bm{r})$ で表されることを示しなさい。ただし $\omega_1, \omega_2, \omega_3$ を定数とする。

例題 23 の解答 式 (5.41) と (5.44) より

$$\begin{aligned}
\bm{\omega} \times \bm{v}_M &= \left(\sum_{i=1}^{3} \omega_i \bm{e}_i \right) \times \left(\sum_{i=1}^{3} \dot{x}_i \bm{e}_i \right) \\
&= (\omega_2 \dot{x}_3 - \omega_3 \dot{x}_2) \bm{e}_1 - (\omega_1 \dot{x}_3 - \omega_3 \dot{x}_1) \bm{e}_2 + (\omega_1 \dot{x}_2 - \omega_2 \dot{x}_1) \bm{e}_3 \\
&= \dot{x}_1 (\omega_3 \bm{e}_2 - \omega_2 \bm{e}_3) + \dot{x}_2 (\omega_1 \bm{e}_3 - \omega_3 \bm{e}_1) + \dot{x}_3 (\omega_2 \bm{e}_1 - \omega_1 \bm{e}_2) \\
&= \dot{x}_1 (A_{12} \bm{e}_2 - A_{31} \bm{e}_3) + \dot{x}_2 (A_{23} \bm{e}_3 - A_{12} \bm{e}_1) + \dot{x}_3 (A_{31} \bm{e}_1 - A_{23} \bm{e}_2) \\
&= \dot{x}_1 (A_{12} \bm{e}_2 + A_{13} \bm{e}_3) + \dot{x}_2 (A_{23} \bm{e}_3 + A_{21} \bm{e}_1) + \dot{x}_3 (A_{31} \bm{e}_1 + A_{32} \bm{e}_2) \\
&= \dot{x}_1 \dot{\bm{e}}_1 + \dot{x}_2 \dot{\bm{e}}_2 + \dot{x}_3 \dot{\bm{e}}_3
\end{aligned}$$

となる。また，式 (5.42) と (5.43) より

$$\begin{aligned}
\dot{\bm{e}}_1 &= \omega_3 \bm{e}_2 - \omega_2 \bm{e}_3 \\
\dot{\bm{e}}_2 &= \omega_1 \bm{e}_3 - \omega_3 \bm{e}_1 \\
\dot{\bm{e}}_3 &= \omega_2 \bm{e}_1 - \omega_1 \bm{e}_2
\end{aligned} \tag{5.47}$$

となる。したがって

$$\begin{aligned}
\ddot{\bm{e}}_1 &= \omega_3 \dot{\bm{e}}_2 - \omega_2 \dot{\bm{e}}_3 \\
&= \omega_3 (\omega_1 \bm{e}_3 - \omega_3 \bm{e}_1) - \omega_2 (\omega_2 \bm{e}_1 - \omega_1 \bm{e}_2) \\
&= -\left(\omega_2^2 + \omega_3^2\right) \bm{e}_1 + \omega_1 \omega_2 \bm{e}_2 + \omega_1 \omega_3 \bm{e}_3
\end{aligned}$$

となる。同様に

$$\begin{aligned}
\ddot{\bm{e}}_2 &= \omega_1 \omega_2 \bm{e}_1 - \left(\omega_1^2 + \omega_3^2\right) \bm{e}_2 + \omega_2 \omega_3 \bm{e}_3 \\
\ddot{\bm{e}}_3 &= \omega_1 \omega_3 \bm{e}_1 + \omega_2 \omega_3 \bm{e}_2 - \left(\omega_1^2 + \omega_2^2\right) \bm{e}_3
\end{aligned}$$

5.4. 大気の運動の数理解析

一方

$$\begin{aligned}\boldsymbol{\omega} \times \boldsymbol{r} &= (\omega_1 \boldsymbol{e}_1 + \omega_2 \boldsymbol{e}_2 + \omega_3 \boldsymbol{e}_3) \times (x_1 \boldsymbol{e}_1 + x_2 \boldsymbol{e}_2 + x_3 \boldsymbol{e}_3) \\ &= (\omega_2 x_3 - \omega_3 x_2) \boldsymbol{e}_1 - (\omega_1 x_3 - \omega_3 x_1) \boldsymbol{e}_2 + (\omega_1 x_2 - \omega_2 x_1) \boldsymbol{e}_3\end{aligned}$$

より

$$\begin{aligned}\boldsymbol{\omega} \times (\boldsymbol{\omega} \times \boldsymbol{r}) &= \{\omega_2 (\omega_1 x_2 - \omega_2 x_1) + \omega_3 (\omega_1 x_3 - \omega_3 x_1)\} \boldsymbol{e}_1 \\ &\quad - \{\omega_1 (\omega_1 x_2 - \omega_2 x_1) - \omega_3 (\omega_2 x_3 - \omega_3 x_2)\} \boldsymbol{e}_2 \\ &\quad + \{-\omega_1 (\omega_1 x_3 - \omega_3 x_1) - \omega_2 (\omega_2 x_3 - \omega_3 x_2)\} \boldsymbol{e}_3 \\ &= \{-(\omega_2^2 + \omega_3^2) x_1 + \omega_1 \omega_2 x_2 + \omega_1 \omega_3 x_3\} \boldsymbol{e}_1 \\ &\quad + \{\omega_1 \omega_2 x_1 - (\omega_1^2 + \omega_3^2) x_2 + \omega_2 \omega_3 x_3\} \boldsymbol{e}_2 \\ &\quad + \{\omega_1 \omega_3 x_1 + \omega_2 \omega_3 x_2 - (\omega_1^2 + \omega_2^2) x_3\} \boldsymbol{e}_3 \\ &= \sum_{i=1}^{3} x_i \ddot{\boldsymbol{e}}_i\end{aligned}$$

となる。

例題 23 より

$$\ddot{\boldsymbol{r}} = \boldsymbol{\alpha}_M + 2\boldsymbol{\omega} \times \boldsymbol{v}_M + \boldsymbol{\omega} \times (\boldsymbol{\omega} \times \boldsymbol{r}) \tag{5.48}$$

となる。一方，物体の質量を m，物体に作用する力を $\boldsymbol{F}$ とすると，運動方程式は $m\ddot{\boldsymbol{r}} = \boldsymbol{F}$ であり，式 (5.48) より

$$m\boldsymbol{\alpha}_M = \boldsymbol{F} - 2m\boldsymbol{\omega} \times \boldsymbol{v}_M - m\boldsymbol{\omega} \times (\boldsymbol{\omega} \times \boldsymbol{r})$$

となる。右辺第 2 項はコリオリの力，第 3 項は遠心力と呼ばれる。回転系では外力 $\boldsymbol{F}$ のほかにコリオリの力と遠心力が働く。

ここで，地球は半径 R の球であり，固定された座標系の原点は地球の中心であるとする。また，x_1 軸の正の向きは東，x_2 軸の正の向きは北，x_3 軸の正の向きは鉛直方向上向きになるように地球表面に設定した座標系を想定する。この座標系は，回転系であるとみなす。この回転系の原点 $\boldsymbol{O}$ を固定系の球座標 (r, θ, ψ) で表すと

$$\boldsymbol{O} = R \cos\theta \sin\psi \boldsymbol{i} + R \sin\theta \sin\psi \boldsymbol{j} + R \cos\psi \boldsymbol{k}$$

となる。ただし R は地球の半径とする。このとき

$$\begin{aligned}\boldsymbol{e}_1 &= -\sin\theta \boldsymbol{i} + \cos\theta \boldsymbol{j} \\ \boldsymbol{e}_2 &= -\cos\theta \cos\psi \boldsymbol{i} - \sin\theta \cos\psi \boldsymbol{j} + \sin\psi \boldsymbol{k} \\ \boldsymbol{e}_3 &= \cos\theta \sin\psi \boldsymbol{i} + \sin\theta \sin\psi \boldsymbol{j} + \cos\psi \boldsymbol{k}\end{aligned}$$

となる。地球の自転の角速度を Ω とする。$\theta = \Omega t$ とおくと

$$\begin{aligned} \boldsymbol{e}_1 &= -\sin\Omega t\,\boldsymbol{i} + \cos\Omega t\,\boldsymbol{j} \\ \boldsymbol{e}_2 &= -\cos\Omega t\cos\psi\,\boldsymbol{i} - \sin\Omega t\cos\psi\,\boldsymbol{j} + \sin\psi\,\boldsymbol{k} \\ \boldsymbol{e}_3 &= \cos\Omega t\sin\psi\,\boldsymbol{i} + \sin\Omega t\sin\psi\,\boldsymbol{j} + \cos\psi\,\boldsymbol{k} \end{aligned}$$

したがって

$$\begin{aligned} \dot{\boldsymbol{e}}_1 &= -\Omega\cos\Omega t\,\boldsymbol{i} - \Omega\sin\Omega t\,\boldsymbol{j} \\ \dot{\boldsymbol{e}}_2 &= \Omega\sin\Omega t\cos\psi\,\boldsymbol{i} - \Omega\cos\Omega t\cos\psi\,\boldsymbol{j} \\ \dot{\boldsymbol{e}}_3 &= -\Omega\sin\Omega t\sin\psi\,\boldsymbol{i} + \Omega\cos\Omega t\sin\psi\,\boldsymbol{j} \end{aligned}$$

$\omega_1, \omega_2, \omega_3$ は，それぞれ

$$\begin{aligned} \omega_1 &= A_{23} = \dot{\boldsymbol{e}}_2\cdot\boldsymbol{e}_3 = 0 \\ \omega_2 &= A_{31} = -A_{13} = -\dot{\boldsymbol{e}}_1\cdot\boldsymbol{e}_3 = \Omega\sin\psi \\ \omega_3 &= A_{12} = \dot{\boldsymbol{e}}_1\cdot\boldsymbol{e}_2 = \Omega\cos\psi \end{aligned}$$

と表される。ここで

$$\begin{aligned} \boldsymbol{\omega} &= \omega_1\boldsymbol{e}_1 + \omega_2\boldsymbol{e}_2 + \omega_3\boldsymbol{e}_3 \\ \boldsymbol{v}_M &= v_1\boldsymbol{e}_1 + v_2\boldsymbol{e}_2 + v_3\boldsymbol{e}_3 \end{aligned}$$

とおくと

$$\begin{aligned} \boldsymbol{\omega}\times\boldsymbol{v}_M &= (\omega_2 v_3 - \omega_3 v_2)\boldsymbol{e}_1 - (\omega_1 v_3 - \omega_3 v_1)\boldsymbol{e}_2 + (\omega_1 v_2 - \omega_2 v_1)\boldsymbol{e}_3 \\ &= \Omega(v_3\sin\psi - v_2\cos\psi)\boldsymbol{e}_1 + \Omega v_1\cos\psi\,\boldsymbol{e}_2 - \Omega v_1\sin\psi\,\boldsymbol{e}_3 \end{aligned}$$

となる。原点が北半球にあり，その北緯を ϕ とすると，$\psi = \pi/2 - \phi$ より

$$\boldsymbol{\omega}\times\boldsymbol{v}_M = \Omega(v_3\cos\phi - v_2\sin\phi)\boldsymbol{e}_1 + \Omega v_1\sin\phi\,\boldsymbol{e}_2 - \Omega v_1\cos\phi\,\boldsymbol{e}_3$$

特に鉛直方向の運動がない場合，$v_3 = 0$ なので

$$\boldsymbol{\omega}\times\boldsymbol{v}_M = -\Omega v_2\sin\phi\,\boldsymbol{e}_1 + \Omega v_1\sin\phi\,\boldsymbol{e}_2 - \Omega v_1\cos\phi\,\boldsymbol{e}_3 \tag{5.49}$$

となる。

5.4.2 地衡風

気圧の空間分布が水平方向に異なっているときは気圧傾度力と呼ばれる水平方向の力が生じる。この気圧傾度力とコリオリ力 $-2m\boldsymbol{\omega}\times\boldsymbol{v}_M$ によって生じる風について考えてみよ

5.4. 大気の運動の数理解析

う。$f = 2\Omega \sin \phi$ をコリオリ因子と呼ぶ。$u(x,y,t)$ と $v(x,y,t)$ を，それぞれ速度の x 成分と y 成分とする。このとき運動方程式は

$$\frac{du}{dt} = -\frac{1}{\rho} \cdot \frac{\partial p}{\partial x} + fv$$

$$\frac{dv}{dt} = -\frac{1}{\rho} \cdot \frac{\partial p}{\partial y} - fu$$

となる。定常運動の場合 u, v, p は時間 t に依存しないので，左辺の加速度は 0 となり

$$u = -\frac{1}{f\rho} \cdot \frac{\partial p}{\partial y}, \quad v = \frac{1}{f\rho} \cdot \frac{\partial p}{\partial x} \tag{5.50}$$

この気圧傾度力とコリオリ力がつり合った状態の運動（風）を地衡風という。

例題 24 地衡風は等圧線にそって吹くことを示しなさい。

例題 24 の解答 等圧線 $p(x,y) = p_0$ が媒介変数 s を用いて $x = \alpha(s), y = \beta(s)$ で表されるとする。$p(\alpha(s), \beta(s)) = p_0$ なので，合成関数の微分法より

$$\frac{\partial p}{\partial x}(\alpha(s), \beta(s)) \alpha'(s) + \frac{\partial p}{\partial y}(\alpha(s), \beta(s)) \beta'(s) = 0$$

この式に，式 (5.50) を代入すると

$$f\rho \left(v(\alpha(s), \beta(s)) \alpha'(s) - u(\alpha(s), \beta(s)) \beta'(s) \right) = 0 \tag{5.51}$$

式 (5.51) はベクトル

$$(v(\alpha(s), \beta(s)), -u(\alpha(s), \beta(s))) \tag{5.52}$$

が接線ベクトル $(\alpha(s), \beta(s))$ と直交することを示している。一方，ベクトル (5.52) は，速度ベクトル $(u(\alpha(s), \beta(s)), v(\alpha(s), \beta(s)))$ を右に $\pi/2$ 回転させたものなので，速度ベクトルと接線ベクトルは平行である。これは，地衡風が等圧線に沿って吹くことを示している。

例題 25 地衡風は，その吹く方向に向かって右側では気圧は高く，左側では気圧が低いことを示しなさい。

例題 25 の解答 $u_0 = u(x_0, y_0), v_0 = v(x_0, y_0)$ としベクトル (u_0, v_0) を右に $\pi/2$ 回転させた方向に関する圧力の変化を (x_0, y_0) での圧力と比較する。

$$g(t) = p(x_0 + tv_0, y_0 - tu_0)$$

とする。このとき

$$g'(t) = \frac{\partial p}{\partial x}(x_0 + tv_0, y_0 - tu_0) \cdot v_0 - \frac{\partial p}{\partial y}(x_0 + tv_0, y_0 - tu_0) \cdot u_0$$

より $g'(0) = f\rho \left(u_0^2 + v_0^2 \right)$ となる。したがって $u_0^2 + v_0^2 \neq 0$ ならば $g'(0) > 0$ となる。この式は，風が吹いて行く方向に向かって右の方向に圧力は増加することを示している。

5.5 海洋に関する問題の数理解析

波長の長い波に関する解析を行うため，連続の方程式 (5.34) と運動方程式 (5.38) に基づく偏微分方程式が導かれている。

5.5.1 長波の近似方程式

水底は $z = -h(x, y)$，水面は $z = \eta(x, y, t)$ で表されるとする。水平方向速度成分 u と v の鉛直方向の平均 $U(x, y, t)$，$V(x, y, t)$ を

$$U = \frac{1}{h+\eta} \int_{-h}^{\eta} u\,dz, \quad V = \frac{1}{h+\eta} \int_{-h}^{\eta} v\,dz$$

と定義する。水面と水底では次の条件が満たされるとする。

$$\frac{\partial \eta}{\partial t} + u(x, y, \eta, t)\frac{\partial \eta}{\partial x} + v(x, y, \eta, t)\frac{\partial \eta}{\partial y} = w(x, y, \eta, t)$$

$$-u(x, y, -h, t)\frac{\partial \eta}{\partial x} - v(x, y, -h, t)\frac{\partial \eta}{\partial y} = w(x, y, -h, t)$$

このとき非圧縮性の流れに対して成り立つ連続の方程式 (5.34) より，次の式が導かれることが示されている。

$$\frac{\partial \eta}{\partial t} + \frac{\partial (h+\eta)U}{\partial x} + \frac{\partial (h+\eta)V}{\partial y} = 0 \tag{5.53}$$

運動方程式に関しては，

$$\tau_{xx} = \mu\frac{\partial u}{\partial x} + \left(\lambda + \frac{1}{3}\mu\right)\left(\frac{\partial u}{\partial x} + \frac{\partial v}{\partial y} + \frac{\partial w}{\partial z}\right), \quad \tau_{yx} = \mu\frac{\partial u}{\partial y}, \quad \tau_{zx} = \mu\frac{\partial u}{\partial z}$$

$$\tau_{xy} = \mu\frac{\partial v}{\partial x}, \quad \tau_{yy} = \mu\frac{\partial v}{\partial y} + \left(\lambda + \frac{1}{3}\mu\right)\left(\frac{\partial u}{\partial x} + \frac{\partial v}{\partial y} + \frac{\partial w}{\partial z}\right), \quad \tau_{zy} = \mu\frac{\partial v}{\partial z}$$

$$\tau_{xz} = \mu\frac{\partial w}{\partial x}, \quad \tau_{yz} = \mu\frac{\partial w}{\partial y}, \quad \tau_{zz} = \mu\frac{\partial w}{\partial z} + \left(\lambda + \frac{1}{3}\mu\right)\left(\frac{\partial u}{\partial x} + \frac{\partial v}{\partial y} + \frac{\partial w}{\partial z}\right)$$

とおき，また外力 (F, G, H) を加えると，運動方程式 (5.38) は，$\tau_{xx}, \tau_{yx}, \ldots, \tau_{zz}$ をせん断応力とする次の一般的な粘性流体の運動方程式となる。

$$\rho\left(\frac{\partial u}{\partial t} + u\frac{\partial u}{\partial x} + v\frac{\partial u}{\partial y} + w\frac{\partial u}{\partial z}\right) = -\frac{\partial p}{\partial x} + \frac{\partial \tau_{xx}}{\partial x} + \frac{\partial \tau_{yx}}{\partial y} + \frac{\partial \tau_{zx}}{\partial z} + F$$

$$\rho\left(\frac{\partial v}{\partial t} + u\frac{\partial v}{\partial x} + v\frac{\partial v}{\partial y} + w\frac{\partial v}{\partial z}\right) = -\frac{\partial p}{\partial y} + \frac{\partial \tau_{xy}}{\partial x} + \frac{\partial \tau_{yy}}{\partial y} + \frac{\partial \tau_{zy}}{\partial z} + G \tag{5.54}$$

$$\rho\left(\frac{\partial w}{\partial t} + u\frac{\partial w}{\partial x} + v\frac{\partial w}{\partial y} + w\frac{\partial w}{\partial z}\right) = -\frac{\partial p}{\partial z} + \frac{\partial \tau_{xz}}{\partial x} + \frac{\partial \tau_{yz}}{\partial y} + \frac{\partial \tau_{zz}}{\partial z} + H$$

5.5. 海洋に関する問題の数理解析

長波に関する問題の解析では，圧力は静水圧で近似される。すなわち $F=0, G=0, H=\rho g$ とすると運動方程式 (5.53) の第3式より次の近似式が導かれる。

$$p = \rho g(\eta - z)$$

さらに，第1式，第2式より，次の二つの近似式が導かれることが示されている。

$$\begin{aligned}\frac{\partial U}{\partial t} + U\frac{\partial U}{\partial x} + V\frac{\partial U}{\partial y} &= -g\frac{\partial \eta}{\partial x} + \frac{1}{\rho}\left(\frac{\partial \tau_{xx}}{\partial x} + \frac{\partial \tau_{yx}}{\partial y}\right) + \frac{1}{\rho(h+\eta)}\{\tau_{zx}(\eta) - \tau_{zx}(-h)\} \\ \frac{\partial V}{\partial t} + U\frac{\partial V}{\partial x} + V\frac{\partial V}{\partial y} &= -g\frac{\partial \eta}{\partial y} + \frac{1}{\rho}\left(\frac{\partial \tau_{xy}}{\partial x} + \frac{\partial \tau_{yy}}{\partial y}\right) + \frac{1}{\rho(h+\eta)}\{\tau_{zy}(\eta) - \tau_{zy}(-h)\}\end{aligned} \tag{5.55}$$

連続の方程式 (5.53) と運動方程式 (5.55) の解を考察するため，次の線形近似式を考慮する。

$$\begin{aligned}\frac{\partial \eta}{\partial t} &= -\frac{\partial (hU)}{\partial x} - \frac{\partial (hV)}{\partial y} \\ \frac{\partial U}{\partial t} &= -g\frac{\partial \eta}{\partial x} \\ \frac{\partial V}{\partial t} &= -g\frac{\partial \eta}{\partial y}\end{aligned} \tag{5.56}$$

練習問題 38 水深が一定のとき，すなわち h が定数関数のとき偏微分方程式系 (5.56) から次の波動方程式を導きなさい。

$$\frac{\partial^2 \eta}{\partial t^2} = c^2\left(\frac{\partial^2 \eta}{\partial x^2} + \frac{\partial^2 \eta}{\partial y^2}\right) \tag{5.57}$$

ただし $c = \sqrt{gh}$ とする。

例題 26 水の速度 $u(x,t)$ と水面の変位 $\zeta(x,t)$ は偏微分方程式系

$$\begin{aligned}\frac{\partial u}{\partial t} &= -g\frac{\partial \zeta}{\partial x} \\ \frac{\partial \zeta}{\partial t} &= -h\frac{\partial u}{\partial x}\end{aligned} \quad (-\infty < x < \infty,\ t > 0) \tag{5.58}$$

の解であり初期条件

$$\begin{aligned}u(x,0) &= p(x) \\ \zeta(x,0) &= q(x)\end{aligned} \quad (-\infty < x < \infty)$$

を満たすものとする。ただし g と h は定数とする。このとき次の問題 1) と 2) に答えなさい。

1) $u(x,t)$ と $\zeta(x,t)$ は，それぞれ初期値問題

$$\frac{\partial^2 u}{\partial t^2} = c^2 \frac{\partial^2 u}{\partial x^2} \quad (-\infty < x < \infty,\ t > 0)$$

$$u(x,0) = p(x) \quad (-\infty < x < \infty)$$

$$u_t(x,0) = -gq'(x) \quad (-\infty < x < \infty)$$

と

$$\frac{\partial^2 \zeta}{\partial t^2} = c^2 \frac{\partial^2 \zeta}{\partial x^2} \quad (-\infty < x < \infty,\ t > 0)$$

$$\zeta(x,0) = q(x) \quad (-\infty < x < \infty)$$

$$\zeta_t(x,0) = -hp'(x) \quad (-\infty < x < \infty)$$

の解となることを示しなさい。ただし

$$c = \sqrt{gh}$$

とする。また $u(x,t)$ と $\zeta(x,t)$ を p と q の式で表しなさい。

2) 問題 **1)** の結果に基づき，平均水深 $1000\ m$ の水域で発生する津波の伝播速度を推測しなさい。

例題 26 の解答

1

$$\frac{\partial^2 \zeta}{\partial t^2} = \frac{\partial}{\partial t}\left(\frac{\partial \zeta}{\partial t}\right) = \frac{\partial}{\partial t}\left(-h\frac{\partial u}{\partial x}\right) = -h\frac{\partial}{\partial x}\left(\frac{\partial u}{\partial t}\right) = -h\frac{\partial}{\partial x}\left(-g\frac{\partial \zeta}{\partial x}\right) = hg\frac{\partial^2 \zeta}{\partial x^2}$$

$$\frac{\partial^2 u}{\partial t^2} = \frac{\partial}{\partial t}\left(\frac{\partial u}{\partial t}\right) = \frac{\partial}{\partial t}\left(-g\frac{\partial \zeta}{\partial x}\right) = -g\frac{\partial}{\partial x}\left(\frac{\partial \zeta}{\partial t}\right) = -g\frac{\partial}{\partial x}\left(-h\frac{\partial u}{\partial x}\right) = hg\frac{\partial^2 u}{\partial x^2}$$

$u(x,t)$ は初期条件

$$u(x,0) = p(x)$$

$$u_t(x,0) = -g\zeta_x(x,0) = -gq'(x)$$

を満たす。また $\zeta(x,t)$ は初期条件

$$\zeta(x,0) = q(x)$$

$$\zeta_t(x,0) = -hu_x(x,0) = -hp'(x)$$

5.5. 海洋に関する問題の数理解析

を満たす。そこで定理 24 より

$$u(x,t) = \frac{1}{2}\{p(x-ct)+p(x+ct)\} - \frac{g}{2c}\int_{x-ct}^{x+ct} q'(s)\,ds$$

$$= \frac{1}{2}\{p(x-ct)+p(x+ct)\} + \frac{g}{2c}\{q(x-ct)-q(x+ct)\}$$

$$\zeta(x,t) = \frac{1}{2}\{q(x-ct)+q(x+ct)\} - \frac{h}{2c}\int_{x-ct}^{x+ct} p'(s)\,ds$$

$$= \frac{1}{2}\{q(x-ct)+q(x+ct)\} + \frac{h}{2c}\{p(x-ct)-p(x+ct)\}$$

となる。

2 水面の変位は x-t 平面上を直線 $x+ct=c_1$, $x-ct=c_2$ に沿って伝播する (c_1, c_2 は定数)。したがって，その速度は $c=\sqrt{gh}$ である。特に平均水深 1000 m の水域では

$$C = \sqrt{gh} \approx \sqrt{10 \times 1000} = 100 \text{ m/s} = 360 \text{ km/h}$$

となることが推察される。

関連図書

[1] 有田正光 編著，池田裕一，中井正則，中村由行，道奥康治，村上和男 著,水圏の環境，東京電機大学出版局，東京，1998.

[2] 入江昭次，垣田高夫，杉山昌平，宮寺功,微分積分，（上）（下），内田老鶴圃，東京，1975.

[3] 岩佐義朗 編著，湖沼工学，株式会社 山海堂，東京，1990.

[4] 小倉義光，総観気象学入門，財団法人 東京大学出版会，2000.

[5] 河村哲也，応用編微分方程式，共立出版株式会社，東京，1998.

[6] 合田健，水質工学 基礎編，丸善株式会社，東京，1975.

[7] 佐藤敦久，編著，水環境工学 浮遊物質からみた環境保全，技報堂出版株式会社，1987.

[8] 住明正，安成哲三，山形俊男，増田耕一，阿部彩子，増田富士雄，余田成男，気候変動論，岩波講座 地球惑星科学 11，岩波書店，東京，1996.

[9] 長谷川節，変分学の応用，数学ライブラリー 11，森北出版株式会社，東京，1969.

[10] 林弘文，勝又昭治，徐伯瑜，平松惇，地球環境の物理学，共立出版株式会社，東京，2000.

[11] 平野昌繁,変分原理の地理学的応用,古今書院，2003.

[12] 松本順一郎 編集，水環境工学，朝倉書店，東京，1994.

[13] エリ・ランダウ，イェ・リフシッツ，流体力学 1，東京図書株式会社，東京，1970.

[14] Tom M. Apostol, *Calculus*, Volume 1, Second Edition, John Wiley & Sons, New York, 1967.

[15] Tom M. Apostol, *Calculus*, Volume II Second Edition, Jon Wiley & Sons, New York, 1969.

[16] Tom M. Apostol, *Mathematical Analysis*, Second Edition, Addison-Wesley Publishing Company, Reading, 1974.

[17] Ruel V. churchill, James Ward Brown, *Fourier Series and Boudary Value Problems*, Fourth Edition, McGraw-Hill, 1987.

[18] Earl A. Coddington, Norman Levinson, *Theory of Ordinary Differential Equations*, Krieger (Original Edition, McGraw Hill Co., Inc., 1955), Malabar, 1984.

[19] R. Courant and D. Hilbert, *Methods of Mathematical Physics*, First English edition Translated and Revised from the German Original, Volume I, Interscience Publishers, Inc., New York, 1953.

[20] Robert G. Dean, Robert A. Dalrymple, Water Wave Mechanics for Engineers and Scientists, World Scientific, Singapore, 1991.

[21] I. M. Gelfand and S. V. Fomin, *Calculus of Variations, Revised English Edition*, Translated and Edited by Richard A. Silverman, Prentice-Hall, Inc., Englewood Cliffs, 1963.

[22] J. D. Lambert, Computational Methods in Ordinary Differential Equations, John Wiley & Sons, Chichester, 1973.

[23] Walter Rudin, *Principles of Mathematical Analysis*, Third Edition, McGraw-Hill, New York, 1964.

■著者紹介

渡辺　雅二（わたなべ　まさじ）

　1953年生まれ，東京都出身．
　1987年ユタ大学大学院博士課程数学専攻修了，Ph. D.（ユタ大学）．
　現在，岡山大学大学院環境学研究科教授．

地球環境アナリシス

2007年6月15日　初版第1刷発行

- ■著　　者──渡辺　雅二
- ■発 行 者──佐藤　守
- ■発 行 所──株式会社 大学教育出版
  〒700-0953　岡山市西市855-4
  電話(086)244-1268(代)　FAX(086)246-0294
- ■印刷製本──サンコー印刷㈱
- ■装　　丁──北村　雅子

Ⓒ Masaji WATANABE 2007, Printed in Japan
検印省略　　落丁・乱丁本はお取り替えいたします．
無断で本書の一部または全部を複写・複製することは禁じられています．
ISBN978－4－88730－775－9